"**60**岁开始读"
科普教育丛书

U0270484

如何玩转小视频

上海市学习型社会建设与终身教育促进委员会办公室／指导
上海科普教育促进中心／组编

主　编　余　群　谢　丹
副主编　周炜杰

上海交通大学出版社
上海科学技术出版社
上海教育出版社

图书在版编目（CIP）数据

如何玩转小视频 / 余群，谢丹主编. -- 上海 ： 上海交通大学出版社，2024.9 -- ISBN 978-7-313-31503-8

Ⅰ．TN948.4-49

中国国家版本馆CIP数据核字第2024RS8594号

如何玩转小视频

（"60岁开始读"科普教育丛书）

主　编　余　群　谢　丹

副主编　周炜杰

上海交通大学出版社　出版、发行

（上海市番禺路 951 号　邮政编码 200030）

上海盛通时代印刷有限公司印刷

开本 889×1194　1/32　印张 5

字数 69 千字

2024 年 9 月第 1 版　2024 年 9 月第 1 次印刷

ISBN 978-7-313-31503-8

定价：20.00 元

本书如有缺页、错装或坏损等严重质量问题，

请向工厂联系调换：021-37910000

丛书编委会

"60岁开始读"科普教育丛书

内容提要

　　手机作为一种强大的数字工具，为老年人提供了一个全新的视角来观察世界，一个全新的方式来表达自我。通过记录下生活中的瞬间，展现老年人对生活充满热情和期待的态度。

　　本书实用性强，语言通俗易懂，为老年读者拍摄视频提供了参考。阅读本书，您也可以快速玩转小视频。

总　序

　　党的二十届三中全会提出，要推进教育数字化，赋能学习型社会建设，加强终身教育保障。为进一步全面深化改革、在推进中国式现代化中充分发挥龙头带动和示范引领作用，近年来，上海市终身教育工作以习近平新时代中国特色社会主义思想为指导、以人民利益为中心、以"构建服务全民终身学习的教育体系"为发展纲要，稳步推进"五位一体"总体布局和"四个全面"战略布局。在具体实施过程中，坚持把科学普及放在与科技创新同等重要的位置，强化全社会科普责任，提升科普能力和全民科学素质，充分调动社会各类资源参与全民素质教育工作，为实现高水平科技自立自强、建设世界科技强国奠定坚实基础。

随着我国人口老龄化态势的加速，如何进一步提高中老年市民的科学文化素养，尤其是如何通过学习科普知识提升老年朋友的生活质量，把科普教育作为提高城市文明程度、促进人的终身发展的方式已成为广大老年教育工作者和科普教育工作者共同关注的课题。为此，上海市学习型社会建设与终身教育促进委员会办公室组织开展了中老年科普教育活动，并由此产生了上海科普教育促进中心组织编写的"60岁开始读"科普教育丛书。

"60岁开始读"科普教育丛书，是一套适宜普通市民，尤其是中老年朋友阅读的科普书籍，着眼于提高中老年朋友的科学素养与健康文明生活的意识和水平。本套丛书为第十一套，共5册，分别为《美丽上海建设，我能做什么》《睡不着，怎么办》《生存技巧知多少》《如何玩转小视频》《智慧医疗将改变我们的生活》，内容包括与中老年朋友日常生活息息相关的科学资讯、健康指导等。

这套丛书通俗易懂、操作性强，能够让广大中老年朋友在最短的时间掌握原理并付诸应用。我们期盼这套书不仅能够帮助广大读者朋友跟上时代步伐、了解科技生活，更自主、更独立地成为信息时代的"科技达人"，也能够帮助老年朋友树立终身学习观，通过学习拓展生命的广度、厚度与深度，为时代发展与社会进步，更为深入开展全民学习、终身学习，促进学习型社会建设贡献自己的一份力量。

前　言

　　在信息化浪潮不断推进的今天，小视频已经成为我们表达个人观点、记录生活瞬间的重要方式之一。这种形式不仅仅是一种娱乐，更是一种创新的传播媒介，让每一个人都可以成为生活的导演，捕捉和分享那些触动心灵的瞬间。然而，对于许多步入暮年的朋友来说，如何驾驭这门新兴的现代技术依然是一道不小的门槛。这本书的诞生，正是为了帮助广大老年朋友开启通往小视频创作的大门，让他们能够轻松自如地走进这个精彩的数字世界。

　　《如何玩转小视频》不仅是一本技术指南，更是一部关于发现、创造和分享的手册。在这里，我们不但会学习如何使用智能手机进行视频拍摄，还会掌握如何通过简洁而有效的剪辑技巧将视频打造成作品。本书从基础的手机操作开始，逐步深入到拍摄技巧、光线运用、构图艺术以及后期编辑等各个方面，力求让每一位读者都能从零开始，快速掌握小视频制作的精髓。

本书的目标读者是那些对小视频创作充满热情的老年朋友。我们希望通过这本书，让您发现影像的乐趣，学会用镜头讲述自己的故事，无论是记录日常生活中的点滴温暖，还是分享旅途中遇见的美丽风景。小视频不仅是记录工具，它更是促进交流、传递情感的桥梁，让我们可以通过影像与亲友分享生活中的美好瞬间，与世界保持紧密联系。

在这段探索的旅程中，我们鼓励每一位读者去发现自己独特的视角。无论您的拍摄对象是身边的亲人、朋友，还是窗外的景色，每一个视频都是您视角的延伸，是您生活的艺术表达。我们相信，每个人的故事都值得被倾听，每个人的作品都可以在数字世界中找到属于自己的位置。

编　者

2024.8

目　录

1

目
录

3

一

为什么要拍小视频

春华秋实，大地万物，都有着自己的故事，有着自己的篇章。就如同我们的生活，无论是风华正茂，还是步入暮年，每个人的心中也都藏着无数个充满色彩的故事画面。这本书想给予那些心怀故事的老年朋友们一把钥匙，一把可以解锁新技术、将心中的故事化作影像的钥匙。

在这个信息爆炸、数字化加速的时代，手机早已不仅仅是我们通信的桥梁，它仿佛被赋予了魔力，成为我们手中的魔法棒，随时随地捕捉生活的每一个瞬间，记录下情感的每一次涟漪。在这流光溢彩的世界里，每个人都可以是故事的叙述者，情感的记录者。

对于老年人而言，尽管手机为他们提供了全新的表达方式和创作工具，但在使用这些新技术时，他们往往面临着一些独特的挑战。手机小视频的制作，虽然看似简单，但在实际操作中，老年人却常常遇到不少困难。比如，在拍摄时，他们可能会发现自己难以掌握合适的光线条件，拍摄出来的视频或因光线过强而显得刺眼，或因光线不足而过于昏暗。不同的拍摄场景，如户外强光、室内柔光，或在黄昏时的逆光，都会对他们的拍摄技术提出挑战。

如何让画面构图更具美感，更有层次感，也是许多老年人常常感到困惑的地方。构图的艺术，如一个人的衣着打扮，黄金分割比、色彩搭配，这些年轻人可能一学就会，一看就懂，但对于老年人来说，却需要他们额外付出更多的努力去学习和掌握。拍摄时，如何找到合适的角度，如何让画面中的人物和背景协调统一，这些都需要花时间去摸索。

手机的操作本身也会带来一些困扰。虽然如今的手机设计越来越简便，但对于一些年长的朋友来说，快速点击、滑动屏幕、调整焦距等操作，有时依然会显得繁琐而复杂。尤其在拍摄动态视频时，保持手机的稳定、避免画面晃动，更是对他们的一大考验，也是步入老年的朋友从时间上、兴趣上非常乐意探索的方向。

对于老年朋友来说，他们不但可以学会用手机记录自己的生活点滴，也绝不会放弃这个信息、数字时代，勇于跟上探索数字世界的脚步。在他们的手中，手机不再是年轻人的专利，而是老年人新的生活伙伴，轻巧的身躯里蕴含着无限的可能，使他

一、为什么要拍小视频

二、小视频拍摄基础

三、小视频拍摄技巧

四、视频剪辑APP的使用

五、小视频拍摄教程

六、拍摄自己的《繁花》——实战篇

们也能轻易地步入创作的殿堂，成为小视频的导演，用镜头讲述属于自己的故事，分享那些珍贵的回忆和深刻的感悟。

手机作为一种强大的数字工具，为老年人提供了一个全新的视角来观察世界，一个全新的方式来表达自我。通过简单的点击和滑动，他们可以记录下生活中那些微小却珍贵的瞬间，无论是家庭聚会的欢声笑语，还是旅途中偶遇的风景，都可以通过手机的镜头得以永久保存。而当这些片段通过剪辑、配音等方式被制作成小视频时，不仅仅是对生活的记录，更是对生命的赞歌，展现了老年人对生活依然充满热情和期待的态度。

手机小视频制作可以成为老年人社交和情感交流的新渠道。小视频，这个词汇或许对于一些人来说还显得有些陌生，但它实际上是一种非常有力的表达方式。它不仅仅是一段视频那么简单，它是情感的载体，是经历的记录，是想象的舞台。对于步入老年的我们来说，制作小视频不仅是一种新的学习技能，更是一种心灵的抚慰，一种对生活热爱的表达。它能够帮助我们分享那些珍贵的回忆，传达我们的思想和感受，甚至还能够让我们与家人、朋友以及这个世界建立起更加紧密的联系。通过分享自己的作品，老年人可以与家人、朋友乃至更广阔的社会建立联系，促进了代际间的理解和沟通。这不仅丰富了他们的社交生活，也为他们带来了精神上的满足和自我价值的实现。

随着技术的不断进步，智能手机已不仅仅是通信工具，它们为我们提供了前所未有的便利和创作空间。在这本书中，您将会学到如何在日常生活中运用这些设备来捕捉和记录那些不经意间流逝的美好瞬间。我们将引导您利用光影、色彩、声音等多种元素，创作出富有感染力和艺术感的小视频作品。

让我们一同开启这段影像之旅，拿起手机，记录下生活中的每一个精彩瞬间。希望这本书能为您的生活增添一份乐趣，成为您融入现代社会、用影像表达自我的桥梁。愿我们每一个用心捕捉的画面，最终都能成为我们生命中最美好的记忆。

可以说，在这个数字化的时代，手机已经成为老年人探索世界、表达自我、连接社会的重要工具。通过学习和使用手机制作小视频，老年人不仅能够

一、为什么要拍小视频

二、小视频拍摄基础

三、小视频拍摄技巧

四、视频剪辑APP的使用

五、小视频拍摄教程

六、拍摄自己的《繁花》——实战篇

拥抱现代生活，更能够以全新的方式记录生活、分享故事，实现自我价值，让生命的每一刻都闪耀着不凡的光芒。

通过这本书，我们希望能够引领所有热爱生活的老年朋友们，一步步玩转小视频，用手机记录下生活中的每一个美好瞬间。让我们的故事得以流传，让我们的声音得以被听见。让我们一起，用镜头捕捉生活的"繁花"吧。

二／小视频拍摄基础

1 手机拍摄更适合老年人

便携性：在这个充满故事的世界里，不同于相对笨重，需要专门的包袋携带的传统摄像机，智能手机就如同我们手中的一支笔，轻巧而灵动，便于携带，我们可以随时准备记录下生命中的点点滴滴。它的便携性，就如同轻盈飘逸的叶片，不受拘束，自由自在，让我们能够在任何时刻捕捉那些不经意间流逝的美好瞬间。

简便的操作性：当尝试掌握手机这支现代的笔时，我们会发现它的操作界面直观易懂，就像日常生活中平易近人的语言，让每一个初次触摸的人也能轻松书写自己的故事。手机自带的自动拍摄模式，减少了复杂的设置，让拍摄的过程变得简单而纯粹。相比之下，传统的摄像机就如同那些古老的卷轴，虽然充满智慧，却需要时间和耐心去学习和探索，我们需要一定的技术知识和学习曲线才可以熟练掌握，手机相比之下，对老年人更加友好，便于操作。

即时分享和操作：在现在的信息社会，通过智能手机分享成为一种即时的乐趣，这些乐趣可以在人与人之间轻轻传递。一键之间，我们的故事就能穿越云端，与远方的朋友分享这一刻的感动。而传统摄像机记录下的影像，却需要经过一番长途跋涉，比如通过电脑导入、编辑和上传，过程较为繁琐，才能相互传输、分享。

多种功能集成：智能手机集视频拍摄、照片捕捉、音频录制于一身，为我们的创作提供了无限可能。它就如同万花筒，每一个功能都是一个新的视角，让我们的故事更加丰富多彩。而传统的摄像机，虽然专注而专业，却在这样的多功能集成面前显得有些单一。

节约成本：智能手机现在作为日常生活中通信的必备工具，大多数人的生活中都自然而然地拥有它。使用它来记录生活，无须额外的投资。而那些专业的摄像设备，就如同珍贵的古董，虽然价值连城，却也需要更多的珍惜和呵护。

创意拍摄：在这个由智能手机和传统摄像机共绘的世界里，创意拍摄成为连接过去与未来的桥梁。智能手机以其灵活的特性，让每一个使用者都有机

一、为什么要拍小视频

二、小视频拍摄基础

三、小视频拍摄技巧

四、视频剪辑App的使用

五、小视频拍摄教程

六、拍摄自己的《繁花》——实战篇

会成为创意的源泉，无论是慢动作、延时拍摄，还是各种独特的特效，都在告诉我们：创造的可能是无限的。传统摄像机虽然提供高质量的视频效果，但在创意拍摄方面可能不如手机灵活。

对于平凡生活中的我们，在这个充满故事的世界里，智能手机成为我们手中的魔法笔，轻轻一挥便能记录下生活中那些不经意的美好。对于我们这些平凡的行者，那些在日常生活中的小确幸、在社交网络上的温暖分享，乃至于心头涌现的创意火花，智能手机已然足够。

现在，手机如同一枚穿梭在生活与艺术之间的小小舟舶。它的镜头虽不及专业相机的庞大与精细，却也能捕捉到那些最真实、最触动人心的瞬间。加之那些各式各样的拍摄模式和后期编辑的应用，如同给我们每个人配备了一套简易的绘画工具，让我们即使不懂复杂的拍摄技巧，也能够创作出属于自己的小小世界。

在我们的现实生活中，智能手机则赋予了我们这种能力，让我们每个人都能成为生活的诗人和故事的讲述者。不需要专业的设备，不需要复杂的技巧，我们便能够抓住那些稍纵即逝的光影，记录下那些温暖人心的瞬间。

2 手机拍摄小视频的功能和设置

一、为什么要拍小视频

二、小视频拍摄基础

三、小视频拍摄技巧

四、视频剪辑APP的使用

五、小视频拍摄教程

六、拍摄自己的《繁花》——实战篇

在这个充满色彩的世界里，每一刻都是值得被记录的故事，而我们手中的智能手机，已经不再仅仅是沟通的桥梁，它成为我们捕捉和分享这些瞬间的强大工具。随着科技的不断进步，手机视频拍摄的功能越来越强大，它们已经能够媲美传统的专业设备。从华灿的日出到静谧的夜空，从城市的喧嚣到乡村的宁静，不需要携带沉重的设备，我们只需轻轻从口袋中取出手机，便可以随时随地留下这世界的美好。

但是，要充分利用这些功能，首先我们需要对它们有一个深入的了解。本节将深入探索现代智能手机中常用的视频拍摄功能，我们以鸿蒙系统和

IOS 系统为例，介绍目前智能手机普遍有的功能，我们也将一一揭示这些功能如何帮助我们捕捉生命中的每一个不可复制的瞬间。无论是摄影爱好者，还是希望通过视频记录生活的每一位普通人，掌握这些功能和设置，都将使创作之旅更加精彩。让我们开始这段探索之旅，解锁手机视频拍摄的无限可能。

鸿蒙系统教程

1. 手机准备工作：显示字体调整

手机显示的调整：目前老年人的手机基本上都是智能机了，也可以支持较新的应用功能，老年人在进行手机拍摄的时候，可能需要将手机的字体进行调整以适应自己，在开始教学前，我们可以将手机的字体和图标调大，以便老年人更易阅读和操作。一般的调整步骤为：

① 在手机的主屏幕，打开手机的"设置"应用。手机的主屏幕，就是将手机开机后的第一个屏幕画面，通常上面会有时间、日期和一些常用应用的图标。

② 点击"设置"应用按钮，会进入菜单，在菜单中，寻找含有"显示"文字的栏目从而进入下一

级的菜单，有时候，文字可能是"显示和亮度"等形式。

③ 进入下一级菜单后，我们可以上下滑动屏幕，寻找"字体大小"或者"字体大小和粗细"等栏目，点击进入下一级栏目。

④ 在这一级屏幕中，我们就通过使用滑块来选择字体大小了。

2. 视频应用打开

① 主屏幕导航：在主屏幕上找到相机图标：相机应用的图标通常看起来像个相机，可能是一个小相机形状或镜头。如果图标不在主屏幕的首页，可以向左或向右滑动屏幕查看其他页面。

② 打开相机应用：一旦找到相机图标，只需轻触一下这个图标，相机应用就会打开。

③ 相机应用照相和视频切换：通常在相机应用的界面上，可以找到一个摄像机图标或者是从侧边滑动可以选择的模式选项。

④ 视频录制：录制按钮（通常是一个红色圆点）开始录制视频；录制时屏幕上可能显示的计时器，这表明视频正在录制中。具体可以参考图 2-1。

一、为什么要拍小视频

二、小视频拍摄基础

三、小视频拍摄技巧

四、视频剪辑APP的使用

五、小视频拍摄教程

六、拍摄自己的《繁花》——实战篇

图 2-1

3. 视频停止录制

① 结束录制：再次按下相同的录制按钮（红色圆点会变成停止符号），以停止录制。

② 查看视频：我们可以在相机或相册应用中找到刚才录制的视频，并播放查看。

4. 摄像头的功能设置

在摄像头的界面，一般在右上角，可以看到一个类似齿轮的图标：⚙，案例的位置如下图的红色标框所示（见图 2-2）。

点击⚙按钮，就可以进入设置摄像头的界面，界面如下（见图 2-3）。

在图 2-3 中，红框标注的，是平时在摄像中可以用到的辅助功能，一个是参考线，一个是水平仪，

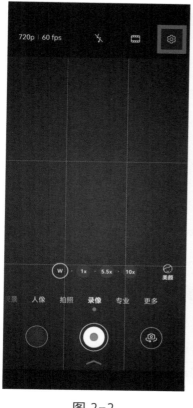

图 2-2

图 2-3

一、
为什么要
拍小视频

二、
小视频
拍摄基础

三、
小视频
拍摄技巧

四、
视频剪辑
APP的使用

五、
小视频
拍摄教程

六、
拍摄自己的《繁花》——实战篇

建议我们在拍摄时将这两个功能打开。这两个功能的作用如下：

　　① 参考线：参考线是在相机的预览界面上显示的线条，通常用于帮助构图。它们基于拍摄中的

"三分法则"，将画面分割成九宫格（两条水平线和两条垂直线），帮助我们在拍摄时更好地安排画面中的元素。使用参考线可以帮助我们对齐地平线，平衡画面，或者将画面中的主要对象放置在视觉上更吸引人的位置。例如，将地平线放在水平参考线上，或将主要的拍摄对象放在两条垂直参考线的交点上，可以使照片看起来更平衡、更自然。

②水平仪：水平仪功能可以帮助我们检测相机是否与地面水平。在拍摄界面中，通常会显示一个水平指示器，当手机摆正水平时，指示器通常会发生颜色变化或显示特定的标记。这个功能特别有用于需要确保照片完全水平的情况，如在拍摄风景照或建筑照时。水平仪可以帮助避免照片倾斜，减少后期编辑的需要，保证拍出来的照片更加专业和令人满意。

IOS 手机录像教程

1. 准备工作

手机显示的调整：老年人在进行手机拍摄的时候，我们先将手机的字体进行调整以适应自己，以便老年人更易阅读和操作。一般的调整步骤为：

① 在手机的主屏幕，打开手机的"设置"应用。手机的主屏幕，就是将手机开机后的第一个屏幕画面，通常上面会有时间、日期和一些常用应用的图标。

② 点击"设置"应用按钮，会进入菜单，在菜单中，寻找"显示与亮度"文字的栏目从而进入下一级的菜单。

③ 进入下一级菜单后，我们可以上下滑动屏幕，寻找"字体大小"栏目，点击进入下一级栏目。

④ 在这一级屏幕中，我们就通过使用滑块来选择字体大小了。

2. 相机应用录像

① 打开相机应用：通常，相机图标位于主屏幕上，图标看起来像一台相机。，我们看到这个图标并点击进入。

② 切换到视频模式：打开相机应用后，默认可能是照相模式。我们通过向左或向右滑动屏幕下方的模式选项（照片、方形、视频等）来切换到"视频"模式（见图 2-4）。

一、为什么要拍小视频

二、小视频拍摄基础

三、小视频拍摄技巧

四、视频剪辑 APP 的使用

五、小视频拍摄教程

六、拍摄自己的《繁花》——实战篇

图 2-4

③ 开始录制视频。

在视频模式中，录制按钮（通常是一个大的红色圆圈）会显示在屏幕底部中央。按下这个按钮就可以开始录制视频。

录制时按钮会变成一个方形（停止按钮），并且屏幕顶部会有一个红色的时间代码，表示录制正在进行。

④ 停止录制。

录制完成后，再次按下屏幕底部中央的方形停止按钮来结束录制。

3. 运动模式功能

运动模式：IOS 的运动模式是专为捕捉高速动作设计的，能在运动或快速变化的场景中保持视频的流畅和清晰。运动模式的通常帧率会从标准的

30fps 提高到 60fps 甚至更高。

在运动模式下拍摄会有如下的效果：

① 更流畅的视频质量：高帧率视频，特别是 60fps（每秒帧数）以上的设置，可以提供比标准 30fps 更平滑的播放效果。这种流畅的视觉体验对于捕捉快速动作非常重要，如体育活动、快速移动的场景或任何需要清晰记录细节的情况。

② 提升慢动作视频效果：使用高帧率录制的视频在制作慢动作效果时，质量更高，因为原始录像中包含更多的帧，可以在减速播放时保持流畅性。这意味着慢动作回放既细腻又清晰，没有跳帧或模糊。

③ 改善低光环境下的表现：高帧率通常能够在较低光照下捕捉更多细节。

4. 运动模式操作步骤

① 打开相机应用：从主屏幕找到并点击相机图标。

② 切换到视频模式：打开相机后，屏幕底部会显示不同的拍摄模式（照片、视频、慢动作等）。引导他们滑动选择"视频"模式。

一、为什么要拍小视频

二、小视频拍摄基础

三、小视频拍摄技巧

四、视频剪辑 APP 的使用

五、小视频拍摄教程

六、拍摄自己的《繁花》——实战篇

③ 激活运动模式：在视频模式下，查找并点击屏幕顶部或设置菜单中的运动模式选项，一般是这个图标：🏃。具体的图标如下图红色标框所示（见图 2-5）：

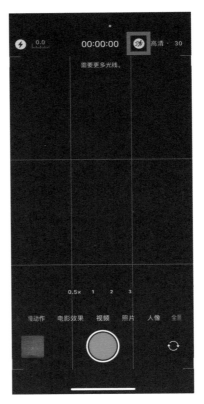

图 2-5

三 / 小视频拍摄技巧

对于老年朋友来说，学习利用手机拍摄小视频不仅是一项新技能，更是一种全新的表达方式。通过简单的操作，他们可以将生活中的美好瞬间定格，将内心深处的感悟展现出来。下面我们将带领大家一步步探索用手机拍摄小视频的技巧，帮助每一位老年朋友用镜头语言记录下退休生活和老年朋友想表达的画面语言。

1 巧用手机解决构图困难

在 60 岁以后，人们看风景、看问题往往都有了自己独特的视角和观点，然而，在使用手机进行拍摄时，如何取景，如何构图，如何拍出动态的小视频、小电影往往成为了一道难题。他们常常端坐在各品牌手机的店内，一坐就是一天，为的就是想弄懂手机拍照片或者视频的技能，以及和智能手机的各种功能，并不厌其烦地准备好小本本记下老师讲的每个知识点。那么，在这本书里，我们教你们如何把握人物与背景的比例，拍摄角度该如何选择，水平线又如何确保平直，这些常常让老人们感到困惑、无所适从的问题，让拍出来的画面更多些协调与美感。

为了更好地构图，我们可以利用手机相机中的网格线功能。这些细微而精妙的线条，可以将画面分割成九个等份，指导我们在拍摄时如何更好地对齐画面中的元素。通过启用网格线，我们能够轻松参考这些线条，使画面更加平衡、美观。无论是拍摄风景还是人物，这一简单的工具都能帮助我们在拍摄中找到最佳的构图方式，让每一张照片都散发出独特的光彩与韵味。通过这样的小技巧，老年朋友们也能轻松掌握拍摄的艺术，将心中的故事通过镜头完美展现（见图3-1）。

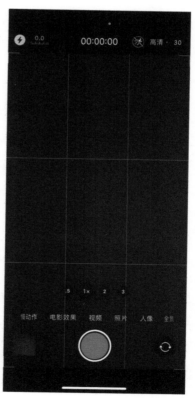

图 3-1

一、为什么要拍小视频

二、小视频拍摄基础

三、小视频拍摄技巧

四、视频剪辑APP的使用

五、小视频拍摄教程

六、拍摄自己的《繁花》——实战篇

2 小网格，大用途

如何利用网格三分法

在拍摄时，我们利用网格线可以将画面巧妙地分为三等份，这不仅是为了划分空间，更是为了引导我们将重要的元素恰当地安置在画面的关键位置。将这些关键元素放置在网格线的交叉点或沿着网格线排列，能够使照片更具和谐与平衡之美。例如，在风景拍摄中，我们可以将地平线放在网格线的上三分之一或下三分之一的位置，而非正中间，这样的构图能够突出天空或地面的景物，使画面更富视觉效果（见图 3-2）。通过这些简单的调整，我们可

图 3-2　网格三分法示例：电影《降临》剧照

以为照片增添一份独特的韵味，让每一张影像都更加引人入胜。

如何实现摄像画面的平衡

在拍摄视频或照片时，有一个重要的构图概念，即前景、中景和背景。前景是指离镜头最近的部分，例如画面中的花草或物体；中景通常是拍摄的主要对象，如人物或活动；背景则是远处的景物，如山峦、天空或建筑物。这三者共同构成了画面的层次感。我们可以利用手机的网格线，合理安排这些元素的比例，使画面更加丰富和谐。例如，在拍摄湖泊或山川时，可以将湖面的倒影置于下三分之一处，山峦放置在中部，而天空则放置在上三分之一处，从而形成层次分明的画面。

在拍摄家庭聚会的多人合影时，网格线可以帮助我们均匀分布人物，避免画面偏斜。例如，可以将人物安排在网格线的垂直线上，左右对称，形成平衡的构图。如果人数较多，可以将他们分布在不同的网格区域，确保所有人都能被清晰捕捉。

在拍摄宠物时，前景和背景的平衡也十分重要。

一、为什么要拍小视频

二、小视频拍摄基础

三、小视频拍摄技巧

四、视频剪辑APP的使用

五、小视频拍摄教程

六、拍摄自己的《繁花》——实战篇

我们可以将宠物放置在网格线的垂直线上或交叉点上，而背景中的物体则放在其他区域，这样既能突出宠物，又能保持画面的整洁。通过这些技巧，我们可以让拍摄的每一幅画面都更加生动和有层次感。

如何放置重点元素或人物

在拍摄风景时，如果我们想要有意突出某一特定元素，如树木、建筑或山峰，那我们将它们置于网格线的交叉点上，就能巧妙地吸引观者的目光。网格线的四个交叉点被称为视觉黄金点，利用这些点，可以让画面更为平衡与和谐。例如，当你面对一棵孤独的树时，将其定位在左侧或右侧的垂直网格线上，这样既能让树木成为画面的焦点，同时也能展示广阔的背景，留下足够的空间展示周围的景色，增强场景的深度与层次感。

在拍摄人物的时候，如果画面中有重要的主体（比如主角或焦点人物）时，我们可以以这个人物的脸或上半身放在网格线的交叉点上。九宫格中心的四个交叉点是视觉上最吸引人的位置，将主体放在这些位置可以使合影更有层次感和焦点。这为画面带来了自然的平衡与和谐，使每个参与者都能在画面中各得其所。

拍摄宠物时，这一原则同样适用。将猫咪或狗狗的眼睛对齐网格线的上方或下方的交叉点，能突出它们的神态与表情，赋予画面更多的生命力与感染力。

如何拍摄对称景物

在拍摄对称的景物时，如湖泊中的倒影或对称的建筑物，网格线是确保画面左右对称的理想工具。通过合理运用网格线，我们可以在视觉上创造出一种平衡与和谐的美感。比如，当我们拍摄一座桥的倒影时，可以将实际的桥梁放置在网格线的上部分，而将倒影安置在下部分，这样不仅增强了画面的对称性，还突出了桥梁在水中的优美倒影。同样地，拍摄对称的建筑物时，我们可以将建筑的中心线与网格线对齐，这样就能轻松营造出庄重而对称的视觉效果，让每一个场景都充满独特的艺术感，达到很好的构图效果。

一、为什么要拍小视频

二、小视频拍摄基础

三、小视频拍摄技巧

四、视频剪辑APP的使用

五、小视频拍摄教程

六、拍摄自己的《繁花》——实战篇

如何避免画面拥挤或空旷

在拍摄时，网格线不仅有助于构图，还能有效防止画面中的元素过于集中或分散。通过观察、利用网格线，我们可以将不同的景物合理分布在画面的各个区域，避免它们堆积在一起或留出过多的空白。例如，当画面左侧有一片茂密的树丛时，可以在右侧留出适当的空白，以平衡整体构图，防止画面显得拥挤而失去层次感。

在拍摄人物时，网格线是分布人物的理想工具。比如可以将一部分人安排在画面的左侧网格线附近，另一部分人则放置在右侧网格线附近，这样在视觉上形成了有序而均衡的分布，使得画面更加和谐统一。

在拍摄宠物时，网格线可以帮助我们巧妙地安排它们的位置。比如将宠物的身体沿着网格线的垂直方向排列，能突出宠物的形态，同时让其他细节元素（如玩具、毯子）占据画面的其他部分。若将宠物稍微偏移中心位置，还可以营造出更有趣的构图，避免画面显得单调乏味。通过合理运用网格线，我们能够赋予每一幅作品更多的层次与趣味，使得拍摄的每个瞬间都充满生机与美感。

一、
为什么要
拍小视频

二、
小视频
拍摄基础

三、
小视频
拍摄技巧

四、
视频剪辑
APP 的使用

五、
小视频
拍摄教程

六、
拍摄自己的《繁
花》——实战篇

3 找到引导线，润色小视频

　　引导线是指在画面中能够引导观众视线的线条或形状。有了引导线，我们可以将观众的视线引导到画面的主要焦点上，从而提升小视频的效果，使得画面更加生动、有层次感（见图3-3），使我们在熟练掌握网格线后，在自己的拍摄技能上，更进一步。

　　在拍摄手机小视频时，我们可以利用多种常见的元素作为引导线，在本节中，直接列举了日常生

图3-3　引导线示例：电影《疯狂的麦克斯4：狂暴之路》剧照

活中可以利用的引导线，现取现用，帮助我们成为掌握引导线的高手。

道路

在拍摄小视频时，利用城市街道或乡间小路作为引导线，不仅能够引导观众的视线，还能为画面增添深度和情感。在城市街道拍摄时，街道或人行道可以作为自然的引导线，将观众的视线引向远处的主体或风景。这样的构图方式能够有效突出画面中的焦点，让观众自然而然地跟随线条，探索画面深处的故事。

在乡村拍摄时，蜿蜒的小路或田间小道是理想的引导线。它们不仅可以引导观众的视线从前景延伸到远景，还能为画面注入浓厚的情感氛围。例如，拍摄一个人在夕阳下独自走向远方的场景，小路的线条将观众的视线引导向远方，增强了画面的孤独感和宁静感。这种构图手法不仅能够让画面更具层次感，还能引发观者的情感共鸣，使得照片更加动人心弦。

在利用引导线的同时，我们可以将周围的元素巧妙地纳入画面，增强整体的视觉效果。例如，在城市街道拍摄时，可以通过建筑物的排列或路灯的分布，进一步强调引导线的效果。而在乡间小路的拍摄中，可以将沿途的树木或庄稼纳入构图，增添画面的自然美感。这种巧妙的构图方式，不仅使照片更加丰富多彩，也为观众提供了更为深刻的视觉体验。

河流和小溪

蜿蜒的河流是一种极具魅力的引导线。它的自然曲线可以引导观众的视线，从画面的一个角落流向另一个角落，赋予照片流动感和自然感。例如，在拍摄广阔的自然景观时，找到一条贯穿整个场景的河流，将它作为构图的主线。河流的曲线可以从前景延伸至远处的山脉或森林，带领观众的目光穿越画面，增强画面的深度和连贯性，让画面显得更加和谐与生动。

当我们利用河流作为引导线时，不仅能突出自然景观的广阔与壮美，还能创造出一种视觉上的连贯性，使观众仿佛顺着河流一路探寻，深入画面背后的故事。这种构图方式不仅增加了画面的层次感，

一、为什么要拍小视频

二、小视频拍摄基础

三、小视频拍摄技巧

四、视频剪辑APP的使用

五、小视频拍摄教程

六、拍摄自己的《繁花》——实战篇

还能让观众在观看时产生一种流畅而自然的视觉体验，使得整个画面充满了生命力和动感。

桥梁

在视频拍摄中，桥梁的结构线条（如桥面、栏杆）可以作为强有力的引导线，引导观众的视线向桥的尽头或桥上的关键人物与车辆聚焦。例如，当我们拍摄男女主角在桥上相遇的回忆片段时，可以巧妙利用桥梁的线条，将观众的视线自然引导至两人相遇的地点。这样不仅能突出画面的焦点，还能营造出一种浪漫的氛围，进一步增强爱情故事的感染力，使得这一刻显得更加动人心弦。通过桥梁线条的运用，观众的情感也会被巧妙地引导和放大，让故事的表达更为深刻而富有感染力。

栅栏和栏杆

将道路两侧延伸的栅栏或栏杆作为引导线的一个不错的选择，这不仅能够自然地引导观众的视线向画面的纵深方向延伸，还可以增加场景的层次感和纵深感。这些栅栏线条能够将画面分隔成不同的区域，从而创造出对比效果。例如，在一条乡间小道上，栅栏可以引导观众的视线从前景延伸到远处，突出道路尽头的情节或人物，使得整个画面更具故事性和视觉冲击力。

建筑物

建筑物内的走廊、廊道和楼梯等具有明显线条的部分是非常有价值的视觉元素。这些线条可以作为引导线，巧妙地引导观众的视线穿过画面，向画面的深处延伸。通过让摄像机沿着走廊或廊道缓慢前进，观众的目光会自然跟随这些线条，一步步深入场景，营造出一种逐渐揭示的效果。这种手法特别适用于构建一种安静、孤寂甚至神秘的氛围，适合表达人物的内心孤独或叙述一种等待的情感。

建筑物的外墙、立柱等结构性元素同样可以在画面中起到引导视线的作用。通过将这些线条在画面中巧妙地安排为对角线或垂直线，我们可以引导观众的注意力从画面的一端延伸到另一端，增强画面的纵深感和空间感。在拍摄历史建筑时，这些线条不仅能够突出建筑的宏伟与庄严，还能通过引导视线的方式，使观众更好地感受到建筑的历史厚重

一、为什么要拍小视频

二、小视频拍摄基础

三、小视频拍摄技巧

四、视频剪辑与AI的使用

五、小视频拍摄教程

六、拍摄自己的《繁花》——实战篇

感和建筑艺术的精美。

通过捕捉这些线条，我们可以用缓慢推进的镜头或固定镜头的方式，让观众有足够的时间去感受场景的氛围和空间的深邃。这样的构图技巧，不仅增加了画面的视觉张力，也能够帮助叙事更加深入人心，让观众在观看的同时，获得更丰富的视觉体验和情感共鸣。

树木和林荫道

利用排列整齐的树木作为引导线，可以将观众的视线从画面的前景自然地引向远处，营造出深邃的空间感与延伸感。例如，在一个宁静的早晨或傍晚，主人公漫步在林荫道上，享受大自然的静谧与美好。当摄像机沿着这条林荫道拍摄时，整齐排列的树木会引导观众的目光深入画面，逐渐靠近远方的主人公，仿佛将他们带入了这片宁静的空间。

通过这样安排，画面不仅展示了自然的美丽，还传达出一种平静和谐的氛围，强调了日常生活中宁静与舒适的时刻。这种拍摄手法能够让观众感受到一种内在的安宁，使他们仿佛也置身于这一宁静的场景中，体验那一刻的诗意和美好。整齐的树木引导着观众的目光，同时也引导着他们的情感，使画面充满了故事性与情感深度。

此外，我们在拍摄时，可以通过调整拍摄角度或移动镜头的方式，进一步增强这一效果。例如，使用平移或推拉镜头，伴随着主人公的脚步，逐步揭示场景的全貌，这种手法能够让画面更具动态感与层次感，使观众在视觉上和情感上都得到深刻的共鸣与享受。

轨道

铁轨是非常经典的引导线，它可以有效地将观众的视线引向远方，创造出画面的深度感与动感。比如，当我们拍摄主人公沿着旧铁路行走的场景时，铁轨不仅作为物理上的引导线，也象征着时间的流逝与回忆的延续。通过巧妙地利用轨道的线条，观众的目光被自然地引导至画面的深处，仿佛跟随主人公一起走进他对过去的回忆中。这种手法能够让画面充满怀旧感和感伤的情绪，进一步增强故事的情感表达。

在实际拍摄时，我们可以通过低角度镜头来强调铁轨的延伸效果，让轨道显得更加悠长和神秘。同时，我们可以将镜头的缓慢推进或者跟随主人公的行走进行，从而强化孤独感，突显他内心的沉思与怀念。当铁轨逐渐消失在画面的远方时，也象征着主人公思绪的渐行渐远，深化了视频的情感内涵和故事深度。通过这些技巧，观众不仅能在视觉上感受到时间的流逝，还能在情感上与主人公的经历产生共鸣，使得整个画面更加富有故事性和感染力。

楼梯

当我们将螺旋楼梯或直线楼梯的线条作为引导线事，观众的视线就能被自然地引向上方或下方，随着楼梯的方向逐渐深入场景。比如，当主人公在楼梯上停下脚步，陷入对人生重大转折或命运选择的深思时，楼梯本身便象征着通向未来的道路。通过巧妙地利用楼梯的线条，摄像机可以引导观众的视线，从而强化主人公内心的挣扎与抉择，增强情节的深度与情感的冲击力。

在拍摄过程中，我们可以尝试采用多种镜头角度来充分利用楼梯的引导效果。比如，低角度镜头能够增强楼梯的垂直感，象征着向上的奋斗与希望；而高角度镜头则可以展现楼梯向下的延伸，暗示着内心的沉沦或未知的挑战。当主人公在楼梯的不同层级停下脚步时，镜头的缓慢推移或拉远可以进一步表现出他在面对抉择时的内心斗争和犹豫不决。

螺旋楼梯特别适合表现主人公在命运中的迷茫和复杂的心境。我们想象一下，随着摄像机沿着螺旋楼梯旋转拍摄，观众仿佛被带入一个不断循环的思绪中，增加了画面的视觉张力和故事的复杂性。而直线楼梯则可以通过简单明确的线条，展现主人公在命运抉择前的坚定与果断。

通过这些拍摄技巧，楼梯不再只是简单的场景背景，而是成为故事叙述的重要组成部分，帮助传达角色内心的深层情感与剧情的核心冲突，使观众更深入地理解故事的主题与人物的心路历程。

阴影

光线形成的阴影是一种比较独特的引导线，光影不仅仅是背景元素，也可以成为叙事的重要工具，

一、为什么要拍小视频

二、小视频拍摄基础

三、小视频拍摄技巧

四、视频剪辑工具的使用

五、小视频拍摄脚本

六、素材的获取

帮助传达角色的心理变化和剧情的深层含义，使观众在视觉和情感上都获得深刻的体验。这对老年人来说可能会是一个有趣的挑战。

想象一下，在清晨或傍晚时分，光线形成长长的阴影可以为画面增添了浓厚的戏剧性和氛围感。当主人公处于光影交错的场景中，面临人生的重要选择或内心的抉择时，阴影不仅仅是物理上的存在，更象征着未来的未知和内心的纠结。

在拍摄时，我们可以巧妙利用阴影，引导观众的视线集中在主人公身上，使观众更深刻地感受到他在决策时的内心冲突与挣扎。例如，可以使用低角度镜头来拉长阴影，让其在画面中占据更大的空间，从而增强视觉上的紧张感。随着主人公的移动，阴影的变化也能进一步传递出他内心的动荡与犹豫不决，令整个场景更具情感张力。

同时，光线的变化也可以配合情节的发展。例如，当主人公逐渐接近决定的时刻，光线可以从明到暗，或从柔和到强烈，象征着他从迷茫到坚定的心理历程。这种光影的运用，不仅强化了画面的戏剧性，也让观众更专注于故事的核心冲突，感受到角色在关键时刻的情感波动。

海岸线

在视频拍摄中，海岸线或海滩的边缘可以成为非常有效的视觉引导工具，帮助观众的视线自然地沿着海滩延展，强化画面的广阔感和空间感。设想这样一个场景：主人公站在宁静的海滩上，回忆着过去的时光或重要的人。此时，海岸线不仅是地理上的边界，更象征着时间的流逝与记忆的延续。

通过巧妙地利用海岸线的延伸效果，摄像机可以引导观众的视线从前景的主人公逐渐延伸到远处的海平面，象征着主人公思绪的蔓延与回忆的深远。这个过程不仅增加了画面的纵深感，还能让观众深切感受到主人公内心的情感波动。比如，摄像机可以缓慢跟随主人公的脚步，从近景逐渐推向远景，展示他在无尽海滩上的孤独身影，与广阔的背景形成对比，进一步渲染出一种深沉的怀旧感。

在这一过程中，海浪拍打海岸的声音可以作为背景音效，增强场景的沉浸感。随着画面的推进，海岸线的延伸仿佛在提醒观众，时间在流逝，回忆

一、为什么要拍小视频

二、小视频拍摄准备

三、小视频拍摄技巧

四、视频编辑与运用

五、小视频拍摄教程

六、拍出自己的《繁花》——票房密码

也在远去，但它们依然深深刻在主人公的心中。这种拍摄方式使得观众能够更深入地体验主人公的内心世界，感受他与过去的情感联结，从而使整个场景充满感伤和诗意的氛围。

人群

人群、整齐排列的队伍也是引导线的一种，它可以帮助观众的视线自然地跟随队伍的方向移动。例如，在拍摄节日庆典或游行活动时，整齐排列的人群、车辆或物品不仅可以展示节日的喜庆与繁华，还能通过队伍的排列方向引导观众的目光，逐渐揭示活动的全貌和氛围。

为了更好地捕捉这一动态场景，我们的手机可以从低角度或高角度进行拍摄，分别突出队伍的壮观或整体布局。在低角度拍摄时，队伍的延展可以增强画面的深度感，使观众更贴近场景，感受现场的热闹氛围；而高角度的俯视镜头则能够展示整个队伍的规模与排列，从宏观角度呈现庆典的盛大场面。

随着队伍的前进，摄像机可以采用平移或跟随的镜头运动方式，让观众的视线自然随着队伍移动，逐渐探索活动的核心与亮点。这种拍摄方式不仅可以表现出节日的热闹与欢乐，还能通过队伍的排列展示出活动的组织性和节奏感，使得画面充满动感与活力。

电线和电塔

如果我们拍摄到现代化的郊区或工业区时，我们可以将悬挂的电线、电塔等在天空中的线条作为视觉引导元素。这些线条不仅可以引导观众的视线从地面逐渐向天空延伸，还象征着人类文明的进步与科技的力量。

设想一个场景：主人公站在开阔的场地上，思考科技对社会或个人的深远影响。此时，电线的延伸方向可以突出科技的高度与现代化的成就，让观众感受到一种与未来接轨的力量感与现代感。

在实际拍摄的时候，我们可以利用低角度镜头，将电线从画面的一端引导至高空，进一步加强这种象征意义。同时，摄像机可以缓慢上升或跟随电线的方向移动，带领观众从地面上升至空中，象征着科技带来的提升与突破。这种拍摄方式不仅能够让画面充满科技感，还可以通过线条的引导增强画面的纵深感，使得现代化场景的力量感更加突出。

如果想要获得更好的效果，那我们可以结合适当的光线与音效，例如阳光透过电线形成的光影效果，或是远处的机械运作声，从而进一步渲染出一种充满未来感的氛围，让观众在视觉与听觉上都感受到现代化的脉动与科技的冲击力。这个时候，电线不再仅仅是场景的一部分，而是成为引导观众进入现代化世界的桥梁，使得整个画面更具深度和表现力。

家具和室内装饰

在将室内的家具边缘如桌子、柜子、书架，以及地板上的线条作为引导线工具的时候，可以巧妙地引导观众的视线，增强画面的空间感和秩序感。设想一个场景：主人公在家中进行日常活动，如整理书架、准备餐桌等。这些家具的边缘和地板的线条不仅象征着家庭生活的秩序和温馨，还能通过合理的构图突出主人公的动作，让观众更深刻地感受到家庭的温暖氛围。

在拍摄过程中，手机可以选择低角度拍摄，利用桌子或柜子的边缘作为视觉引导线，将观众的视线集中到主人公的动作上，例如他在精心摆放餐具或整理书籍。这种方式不仅可以突出人物的活动，还能通过家具的线条将整个画面组织得更加紧凑和谐，使观众感受到一种隐含的家庭秩序感。

此外，地板上的线条也可以进一步强化这一效果，尤其是在拍摄较长的走廊或开放式的室内空间时。地板线条可以引导视线从前景延伸至背景，增加画面的深度，同时为场景增添一丝温馨和安全感。这些巧妙的设计与安排，让画面在表达日常生活的同时，也传递出一种舒适与平静的家庭氛围，让观众在视觉上和情感上都能与画面产生共鸣。

4 光线与影子的拍摄技巧

光线与影子的运用不仅能够增强画面的立体感，还能巧妙地引导观众的视线，营造特定的情感氛围，并突出拍摄主体（见图 3-4）。光与影的相互作用为画面增添了对比度和层次感，呈现出更多的质感和细节，使视频更具视觉吸引力和表现力。

图 3-4　光和影图片示例：电影《花样年华》剧照

无论是清晨的第一缕阳光，还是黄昏时分斜阳的剪影，光线与影子的变化都为我们提供了丰富的创作空间。在拍摄过程中，合理利用这些自然元素，可以为普通场景注入生命力，使之成为传递情感与故事的重要工具。

现在我们将带您深入探索如何在日常生活中巧妙运用光与影，通过实用的场景示例，帮助您掌握这一关键技巧。通过这些技巧，您不仅能提升小视频的视觉效果，还能更好地传达画面背后的情感与故事，使每一个瞬间都更加生动和富有感染力。

日出与日落

光影场景描述：清晨的日出与傍晚的日落，是捕捉光线与影子效果的最佳时刻。这时的光线柔和，色彩温暖，为拍摄提供了理想的条件，能够展现出极具戏剧性的画面效果。光线低角度穿透空气，使影子被拉得修长，带来强烈的情感表达。

拍摄技巧：我们可以拍摄太阳升起或落下时，拍摄人物或物体的剪影，利用逆光和长影子来增强画面的氛围和情感表达。这种手法能够突显主体的形态，同时也为画面增添了一种神秘与诗意的氛围。

应用的时刻：如果我们需要拍摄一个充满追忆和怀旧情感的场景——一个人回到故乡或老房子，在日出或日落时分陷入回忆。此时，在手机镜头的记录中，柔和的光线可以温柔地照亮老房子或故乡的景色，而剪影中的人物则映衬出他心中的深沉思绪。那些长长的影子，仿佛在无声地诉说着时间的流逝与记忆的延续，为画面增添了厚重的情感与怀旧的氛围。

林荫道或森林

光影场景描述：在林荫道或森林中拍摄时，阳光穿过树叶的缝隙，投下斑驳的光影效果，这种光影不仅为画面增添了自然的美感，还能营造一种独特的氛围。这些光影的变化，仿佛在诉说着森林的静谧与生命的律动。

拍摄技巧：为了充分利用这种环境中的光影效果，我们可以尝试拍摄地面上树影的移动，或者跟随人物在林间的步伐，捕捉光影随着脚步的变化。这种动态的光影变化，不仅为画面增添了深度，还能传达出一种生动的感觉，让观众仿佛也在体验林间的步调与宁静。通过这些技巧，可以让画面充满自然的魅力和动感，增强视觉上的层次感与情感的表现力。

应用的时刻：设想有一个家庭或朋友们在森林中度过美好时光的场景——在树影斑驳的林间，家庭成员或朋友们一起野餐、徒步或玩耍，充分享受大自然的宁静与美好。在拍摄这些温馨时刻时，可以专注于捕捉亲人们在光影间互动的画面，特别是他们的欢笑与微笑，这些瞬间能够展现出他们之间的亲密关系。

随着树影在地面和人物身上缓慢移动，我们可以用镜头记录下这些变幻的光影，进一步增强画面的层次感与情感深度，完美呈现出这些美好的回忆。

室内窗前

场景描述：在窗前拍摄时，窗户通常是室内最理想的自然光源。光线穿过窗户，形成清晰的光束和影子，为画面增添了一种独特的戏剧性效果。这种光影的运用可以显著提升画面的视觉吸引力和情感表达。

拍摄技巧：为了充分利用这一效果，我们可以让人物站在窗前，借助窗帘或百叶窗投射的影子，制造出独特的光影效果。这种技巧不仅增加了画面的层次感，还能营造出深沉的氛围，使得整个场景更加引人入胜。影子的变化随着光线的移动，能够传达出不同的情感，让观众感受到画面中的情绪起伏。

应用的时刻：如果我们需要拍摄两个人在窗前告别或重逢，光影交织，渲染出深厚的情感氛围的场景。在拍摄时，我们可以将人物置于窗前，通过光线与影子的变化，细腻地表达他们内心的情感波动。

比如，阳光从一侧进入，照亮两人的一部分面庞，这象征着重逢带来的希望与光明；同时，窗帘或百叶窗投射的影子则在另一侧制造出阴影，暗示着告别时的不舍与内心的痛苦。这种光影对比能够赋予场景更强的情感表现力，使观众更深刻地感受到其中的复杂情感和情绪波动。

街道与城市景观

场景描述：在城市的街道和建筑物之间，早晨或傍晚时分，光线穿过狭窄的建筑缝隙，可以形成强烈的光影对比。这种光线效果非常明显，因为光线会在高大的建筑物之间投射出长长的影子，创造出独特的视觉效果。在这些时段，光线不仅仅是照亮场景的工具，它还可以用来突出建筑物的轮廓，增强画面的立体感，使整个场景充满了戏剧性和动态感。这种光影交织的效果赋予了城市景观一种特别的美感和情感表达。

拍摄技巧：在拍摄行人在街道上行走时，光线与影子的互动可以为画面增添独特的视觉效果。通过捕捉行人的影子，尤其是在阳光低角度照射时，影子会被拉长，形成动感十足的画面效果。此外，利用城市建筑物的线条与投射的影子，可以巧妙地引导观众的视线，增强画面的结构感和层次感。这些线条和影子不仅为画面增加了几何美感，还可以使场景更具立体感和视觉冲击力。

应用的时刻：如果我们想要拍摄一个充满诗意的城市场景，可以设想一个人在城市中漫步，感受着都市独特的美感与诗意。拍摄时，可以通过捕捉建筑物之间交错的光影，来展现城市的艺术性与深邃的氛围。行人的影子与建筑物的线条在画面中交织，形成一种独特的韵律感，这不仅突出了城市生活中的美学，也细腻地捕捉到了城市中的微妙细节，让画面充满了诗意和情感。

建筑物内部

场景描述：在建筑物的内部，像走廊、楼梯间、拱门等区域，光线和影子的效果往往格外独特，尤其是在自然光源有限的情况下，光影的作用显得更加突出。这些空间通过少量的光源，创造出深邃而神秘的氛围。光线可能通过狭窄的窗户或门缝进入，形成细长的光束，投射在墙壁和地面上，创造出强烈的对比效果。这样的光影不仅可以突出建筑的结构美感，还能为场景增添层次感和戏剧性，使画面更具吸引力和视觉冲击力。

拍摄技巧：在拍摄时，如果光线透过拱门或窗户进入房间，那形成的光影效果就可以显著增强画面的戏剧性与空间感。通过利用这些光线和影子，我们可以为画面增添一种深邃的层次感。光线穿过拱门或窗户后，投射在地面或墙壁上，可以形成鲜明的光影对比，凸显出场景中的建筑细节。这不仅赋予了画面更强的立体感，还能通过光影的变化，渲染出特定的情感氛围，使画面更具视觉冲击力和艺术性。

应用的时刻：比如我们需要拍摄一个等待与期盼的场景——一个人在建筑物内部的某个角落，静静等待着重要消息或某人的到来。在拍摄这个场景时，我们可以利用从窗户或拱门投射进来的光线，将人物置于阴影中，突出其焦急的神态。然后随着时间推移，光线随之逐渐变化，这不仅象征着时间的流逝，也通过影子的移动增强了画面中的紧张感和期待感。光影的运用使等待的情绪得以更深刻地传达，使得整个场景充满了戏剧性和情感张力。

运动与动作场景

场景描述：在拍摄运动或动作场景时，巧妙地运用光线和影子可以显著增强动作的节奏感与动感。例如，当运动员在跑步时，阳光在地面上投射出他们的影子，这些影子随着他们的动作而变化，形成一种流动的视觉效果。通过捕捉这些影子，我们可以强调动作的速度与力量，使画面充满活力与动感。此外，光影的对比可以突出运动员的姿态和动作轨迹，让整个场景更加生动逼真，增强观众的沉浸感。

拍摄技巧：在拍摄运动员的动作时，通过捕捉他们的影子与运动轨迹，可以有效地展现动作的力量感和速度感。利用光线的变化，尤其是在阳光斜照时，影子会被拉长并随运动员的动作不断变化。这种光影的动态效果能够强调运动的力度与节奏，使画面更具动感和张力。通过合理的光影运用，运动员的每一个动作都能被赋予更强的视觉冲击力，让观众直观感受到运动的速度与力量。

应用的时刻：比如我们需要拍摄一个追求梦想的

一、为什么要拍小视频

二、小视频拍摄基础

三、小视频拍摄技巧

四、视频剪辑APP的使用

五、小视频拍摄教程

六、拍摄自己的《兰花》——实战篇

场景——一个人在追求梦想的过程中，不断奔跑和前行，克服各种困难，最终接近梦想。在拍摄这个过程时，我们可以捕捉奔跑中人物的影子，利用光线的变化展现他追梦的艰辛与坚持。影子的延展与形态变化象征着梦想的追逐过程，而光线的变幻则表现出追梦路上的希望与挑战。通过这些元素的结合，画面不仅传达了人物内心的坚韧与执着，还使得追梦的过程更加真实而动人。

夜景与低光环境

场景描述：在夜晚或低光环境下，人工光源的光线和影子效果会变得尤为显著。街灯、霓虹灯等光源在黑暗中创造出强烈的光影对比，可以使场景充满戏剧性和情感张力。光线在夜色中穿透黑暗，投射出深邃的影子，为画面增添了层次感和氛围。

拍摄技巧：当拍摄夜晚街道上的行人或车辆时，可以利用这些光线和影子来营造神秘或孤独的氛围。街灯下的影子随着行人的移动而拉长，仿佛在无声地诉说着他们的故事，增强了画面的情感表达。通过捕捉这些瞬间，观众不仅能感受到夜晚的静谧与深沉，还能深入体会到画面中隐含的情绪与故事。

应用的时刻：比如我们需要拍摄一个自我反思与内心独白的场景——在夜晚的街道上，一个人独自行走，思考着生活中的重大抉择或反思过去的错误。这个场景充满了自我反思与内心独白的情感。在拍摄的时候，我们就可以利用街灯或霓虹灯的光线，捕捉人物在低光环境中的剪影或半身像。光影效果可以表现出人物内心的复杂情感，影子的形态随着步伐变化，仿佛在传递他的思绪与情感波动。这种手法不仅增强了画面的戏剧性和深度，还使观众更能感受到人物内心的挣扎与沉思。

文化遗址或古建筑

场景描述：在拍摄文化遗址或古建筑时，光线与影子可以极大地突出建筑的结构与细节，增强画面的历史感和庄重感。我们可以通过利用清晨或傍晚的自然光线，或人工光源如灯光，将建筑物的独特纹理与雕刻投射出深邃的影子，使这些细节更加鲜明。光影的对比不仅能强调建筑物的宏伟和年代感，还能为画面赋予一种沉静而庄重的氛围，让观众感受到历史的厚重与文化的深远影响。

拍摄技巧：在拍摄古老建筑物时，光线穿过窗户或柱子所形成的独特光影效果，可以显著增强画面的故事感与历史氛围。例如，当阳光透过古建筑的窗格或雕花柱子投射进来时，光线在地面或墙壁上形成细腻的影子，这种效果不仅突出了建筑的精美细节，还赋予了场景一种神秘而庄严的气息。这种光影的运用能够让观众更深刻地感受到建筑背后的历史故事和文化底蕴，使画面更加引人入胜。

应用的时刻：比如我们需要拍摄一个历史回忆与重现的场景——一个人在古老的建筑中缓缓行走，脑海中浮现出过去的历史事件，仿佛亲眼目睹了昔日的繁华或战乱。在拍摄的时候，我们就可以利用光线穿过古建筑的窗户或柱子，捕捉人物在光影中的沉思或独自漫步的画面。这样的光影效果不仅增强了历史的厚重感，还能表现人物对过去的深情追忆与感怀，使整个场景仿佛时光倒流，重现了久远的历史画面，营造出一种悠远而庄重的氛围。

富有个性的颜色构图技巧

色彩构图在摄影和视频制作中是一门充满艺术性的技术，通过巧妙地运用颜色的搭配、对比与和谐，我们可以有效引导观众的视觉注意力，增强画面的视觉效果和情感表达。色彩不仅仅是视觉的享受，更是情感和心理暗示的传递者。比如说，红色，充满了热情、力量和紧张感，而蓝色则给予人宁静、信任与忧郁的感受。每一种颜色都有其独特的表达力，并在画面中传递出特定的情感和情绪（见图 3-5）。

图 3-5　色彩构图图片示例：电影《英雄》剧照

一、为什么要拍小视频

二、小视频拍摄基础

三、小视频拍摄技巧

四、视频剪辑APP的使用

五、小视频拍摄教程

六、拍摄自己的《繁花》——实战篇

在手机小视频的拍摄中，合理地运用色彩构图可以极大地提升视频的艺术性和叙事性。通过精心选择和搭配颜色，我们不仅能够引导观众的视线，突出画面的主体，还可以通过色彩传达更深层次的情感和故事内容。色彩的运用不仅仅是让画面看起来赏心悦目，更是赋予视频生命与意义的重要工具。

在本节中，我们将深入探讨色彩构图的奥秘，带领您一步步掌握这一艺术的核心技巧。通过对色彩的理解与运用，我们将能够创作出更加动人、更加富有情感的作品，让每一个视频片段都充满视觉的魅力与情感的力量。色彩构图可以让我们的视频作品达到新的艺术高度，赋予它们独特的表达力和感染力。

颜色搭配速成大法

1.对比色的搭配

作用：对比色是色彩构图中一种极具冲击力的元素，它们是色轮上彼此相对的两种颜色，如红色与绿色，或蓝色与橙色。通过使用对比色，可以在画面中创造出强烈的视觉效果，使主体更加突出，瞬间抓住观众的注意力。

应用：在实际应用中，在拍摄人物时，可以选择与背景形成强烈对比的服装颜色，使人物在画面中脱颖而出。例如，穿着红色衣服的人物在绿色背景下显得格外鲜明，或者用蓝色装饰品映衬橙色背景，这样的色彩搭配不仅使主体更加醒目，还能为画面增添一种独特的美感和情感表达。对比色的巧妙运用能够提升画面的视觉吸引力，让观众在瞬间感受到画面所传递的强烈情感和氛围。

2. 类比色的搭配

作用：类比色是指色轮上彼此相邻的颜色，如蓝色与绿色、黄色与橙色。这样的色彩搭配能够自然地创造出和谐、统一的画面效果。色调接近的色彩组合，能够营造出一种柔和而舒适的氛围，使画面看起来更加协调一致，富有连贯性。

应用：我们可以在拍摄自然风光或静物时应用类比色。例如，蓝天与绿草的搭配，或是黄色花朵与橙色叶子的组合，这样能够让画面充满自然的和谐美，使观众感受到一种宁静与安详。通过这类色彩搭配，画面不仅更加统一，还能够强化主题，突出场景的内在美感与细腻情感。

3. 单色调的搭配

作用：单色调是指在整个画面中应用不同深浅变化的同一颜色，这种色彩运用能够为画面带来一种简约而优雅的视觉效果。通过单一颜色的层次变化，画面可以展现出高度的统一感，同时保持丰富的细节与深度。就像大海的蓝色，从浅蓝到深蓝，呈现出无尽的层次与韵味。

应用：在拍摄极简风格的视频时，我们可以选择一种颜色作为主色调，例如蓝色，然后通过运用不同深浅的蓝色，来增强画面的层次感与和谐感。这种手法不仅能让画面显得更加凝练，还能赋予作品一种宁静而深邃的氛围，仿佛在简单之中蕴藏着无限的可能与情感。

4. 暖色与冷色的搭配

作用：暖色调（如红色、橙色、黄色等）传递出温暖与活力的感觉，而冷色调（如蓝色、绿色、紫色等）则营造出宁静与清爽的氛围。当暖色与冷色巧妙搭配使用时，能够在画面中创造出鲜明的对比与丰富的层次感。

应用：在拍摄户外风景或室内场景时，我们可以利用蓝色的天空与黄色的阳光形成对比，或将冷色背景与暖色主体相结合，这样的搭配不仅使画面更具吸引力，还能够传递特定的情感氛围。另外，蓝天映衬下的温暖阳光可以让整个画面充满生机。在室内拍摄时，可以用冷色调的背景来衬托暖色调的主体，突出人物的情感和画面的主题，使得每一帧都散发出独特的魅力与美感。

5. 强调色的搭配

作用：强调色是指在画面中通过使用少量的亮色或鲜艳色彩来吸引观众的注意力。这种色彩搭配需要有效地突出画面的焦点，增强视觉冲击力，使得观众的目光自然聚焦在特定的区域或主体上。

应用：我们可以在拍摄人物时通过运用强调色来增加画面的吸引力。例如，可以让主角穿戴一件亮色的配饰，如一条红色的围巾或一顶黄色的帽子，这样的亮色在画面中脱颖而出，吸引观众的目光，而其他部分则保持较为低调的色彩，以形成对比。这样的搭配不仅使画面更加生动有趣，还能通过色彩的对比和层次感，强化人物的形象，使观众更加

一、为什么要拍小视频

二、小视频拍摄基础

三、小视频拍摄技巧

四、视频剪辑软件的使用

五、小视频拍摄教程

六、拍摄自己的Vlog——实战篇

专注于画面的主题和情感表达。

6. 自然色的搭配

作用：自然色调，如棕色、绿色、蓝色等，常用于表现大自然的景物和环境。这些颜色能够传递出一种舒适、真实的画面效果，使观众感受到大自然的宁静与和谐。通过使用这些色调，画面可以展现出一种自然的美感，仿佛将人们带入了一个远离喧嚣的世界。

应用：比如在拍摄户外视频时，蓝天、绿树与棕色土地的组合可以营造出一种平和、宁静的氛围，非常适合拍摄花园、公园或乡村景色。这样的色彩搭配不仅能突出自然环境的美，还能为观众带来一种身临其境的体验，使他们在观赏视频时感受到大自然的纯净与真实。

7. 分裂补色的搭配

作用：分裂补色是一种特殊的色彩搭配方法，它通过在色轮上选择一种主色，并与其相邻的两种颜色搭配来实现想要表达的效果，如蓝色与橙色和红色。这种配色方式能够在画面中创造出和谐的对比效果，同时避免过于强烈的视觉冲击，保持一种微妙的平衡感。

应用：我们在拍摄静物或食物时，分裂补色能够为画面增添丰富的色彩层次。例如，我们可以将红色的水果与绿色的叶子和黄色的背景相结合，这种色彩的安排不仅使画面显得鲜艳生动，还能巧妙地突出拍摄对象的质感与细节。通过色彩的精心搭配，画面更具和谐感，吸引观众的注意力，让作品在视觉上更具感染力和表现力。

8. 渐变色的搭配

作用：渐变色是一种在画面中使用颜色从一种逐渐过渡到另一种的技巧。这种过渡效果能够为画面增添柔和的层次感和视觉流动感，使整个画面更具深度和自然感。渐变色的运用能够巧妙地引导观众的视线，带来一种和谐的视觉体验。

应用：比如在拍摄天空、海洋或日出日落等场景时，渐变色效果就尤为出色。我们可以捕捉从深蓝到浅蓝的天际变化，或从黄色到橙色的日出日落，可以让画面呈现出丰富的色彩层次和自然过渡，增强整体的视觉美感和表现力。通过这些柔和的色彩过渡，画面不仅更具层次感，还能传递出一种宁静与和谐的氛围，使观众沉浸在色彩的美妙变化中。

9. 中性色的搭配

作用：中性色，如灰色、白色、米色、黑色等，具有与任何颜色搭配的独特优势。这些颜色能够为画面带来平衡与简约感，使整体视觉效果更加协调。中性色不仅能柔化其他色彩的冲突，还能为画面提供一种优雅的背景，突出主体。

应用：在拍摄家居或室内装饰时，我们可以较多地应用中性色。比如，白色的墙壁、灰色的沙发，再搭配其他色彩的装饰物，可以让整个画面显得和谐、现代。中性色调赋予空间一种清新的感觉，同时也让色彩的搭配显得更为灵活，使得房间在视觉上更具开放感和时尚感。

10. 色彩的平衡

作用：色彩平衡是指在画面中合理分布不同的颜色，使得整个画面在视觉上达到一种和谐的状态，不偏重于某一部分。通过色彩的均衡搭配，画面显得更为协调、统一，给人以舒适的视觉体验。

应用：我们在拍摄群体活动或多人场景时，可以通过选择不同颜色的衣物和背景，确保画面的色彩分布均匀。这样不仅避免了画面显得拥挤或单调，还能突出各个部分的和谐美，让整个场景看起来更加生动且富有层次感。

色彩场景实操

在掌握了基本的色彩搭配之后，就是实操攻略了，色彩构图可以在多种场景中应用，帮助增强视频的视觉吸引力和情感表达。这里列举了日常生活中可以利用的色彩构图，可以帮助我们快速玩转小视频。

1. 自然风光

场景：日出日落、花园、公园、湖泊。

应用技巧：利用对比色突出主体。在拍摄日出或日落时，我们可以利用天空的暖色调（如橙色、粉色）与地面的冷色调（如蓝色、紫色）形成鲜明对比，这样能够有效地突出太阳或云层的壮丽景象，使它们在画面中更加引人注目。类似地，在拍摄花园中的鲜花时，我们可以利用绿色的背景，使花朵的颜色更加鲜艳、醒目。通过这种对比色的运用，使主体得以突出，画面整体的美感和视觉冲击力也

一、为什么要拍小视频

二、小视频拍摄基础

三、小视频拍摄技巧

四、视频剪辑APP的使用

五、小视频拍摄教程

六、拍摄自己的《繁花》——实战篇

随之增强。

色调统一营造氛围：在湖泊或森林中拍摄时，我们可以运用相似的色调，如蓝色和绿色，来创造一种宁静、和谐的氛围。蓝色象征着清澈与平静，而绿色则代表生命与自然。当这些色调在画面中融合时，能让观众感受到大自然的静谧与平和。这种色彩的统一与连贯，使得画面不仅美观，还能传达出一种沉静而深远的情感，使观众仿佛置身于自然的怀抱中。

2. 城市景观

场景：街头艺术、夜景、建筑物。

应用技巧：利用霓虹灯的强调色。在拍摄夜景时，霓虹灯或广告牌的色彩可以成为画面的焦点，为城市夜景增添生动和充满活力的气息。这些明亮的色彩在黑夜中格外引人注目，能够将城市的繁华与活力展现得淋漓尽致，使画面充满动感与现代感。

建筑物的色彩对比：拍摄色彩鲜艳的建筑物时，我们可以通过与周围环境的颜色形成对比，突出建筑物的独特设计或文化风貌。比如利用明艳的色彩与柔和背景的对比来对应传统建筑与现代环境的碰撞，这种对比效果不仅能增强建筑物的视觉冲击力，还能更好地传达出其背后的文化内涵和设计理念。

3. 节日庆典

场景：家庭聚会、节日装饰、烟火表演。

应用技巧：暖色调营造节日气氛。在拍摄节日聚会时，我们可以关注红色、橙色等暖色调的装饰品，这些色彩不仅能够增加画面的温暖感，还能将喜庆的节日气氛推向高潮。通过这些色彩元素的点缀，整个场景会更加充满活力，令人感受到浓厚的节日氛围。

对比色展示多样性：在拍摄礼物交换或节日装饰时，我们可以通过不同颜色的对比来展示礼物的多样性和节日的丰富感。例如，将鲜艳的礼物与柔和的背景进行对比，能够让每件礼物的特色更加突出，同时也表现出节日的多彩和热闹。

4. 人像拍摄

场景：肖像拍摄、时尚展示。

应用技巧：服装与背景颜色对比。在拍摄人物时，我们可以选择与背景形成鲜明对比的服装颜色，让人物在画面中更为突出。例如，明亮的红色服装在蓝色背景下显得格外醒目，这种色彩对比能够有效地吸引观众的注意力，使人物成为画面的焦点。

色彩统一提升画面和谐：在拍摄时尚展示时，我们可以通过使用同色系的服装和背景来创造和谐统一的视觉效果。例如，使用不同深浅的蓝色来搭配背景与服装，可以赋予画面一种高雅、协调的感觉，提升整体的视觉美感。

5. 文化活动

场景：传统节日、艺术表演。

应用技巧：利用传统色彩平衡。在拍摄传统节日（如春节、圣诞节）时，使用具有文化象征意义的颜色（如红色、金色），可以有效地增强画面的历史感和文化氛围。红色象征着喜庆与吉祥，金色则代表繁荣与光辉，这些色彩能让节日的气氛更加浓厚，也能让观众深刻感受到节日的传统意义。

色彩对比突出表演效果：在艺术表演中，我们利用服装与灯光颜色的对比，可以显著增强表演的视觉效果和情感表达。例如，通过明暗色调的强烈对比，使得表演者的动作更加鲜明突出，同时还能更好地传达情感，使观众沉浸在表演的情境中。

6. 食物摄影

场景：餐桌布置、美食展示。

应用技巧：自然颜色增强食欲。在拍摄美食时，使用自然鲜艳的颜色，如红色的水果、绿色的蔬菜，可以大大增加食物的吸引力。这些色彩不仅使画面更具视觉冲击力，还能激发观众的食欲，令食物看起来更加美味诱人。

平衡颜色搭配展示多样性：当我们拍摄一桌美食时，通过不同菜肴之间的颜色对比，可以展示食物的多样性和丰富感。例如，将色彩鲜明的菜肴组合在一起，不仅能突出每道菜的独特风味，还能让整个画面充满生气和活力，使观众仿佛置身于一场丰盛的盛宴中。

7. 旅游拍摄

场景：异国风情、自然奇观。

应用技巧：展示当地特色色彩来对比。在拍摄异国风情时，我们可以突出当地建筑、市场或服饰中具有特色的颜色，来展示不同文化的独特魅力。例如，拍摄摩洛哥市场中的绚丽织物，或是印度庙

一、为什么要拍小视频

二、小视频拍摄基础

三、小视频拍摄技巧

四、视频剪辑APP的使用

五、小视频拍摄教程

六、拍摄自己的《繁花》——实战篇

宇中的鲜艳装饰，这些色彩能让观众直观感受到异域文化的丰富与多彩。

通过渐变颜色层次展现自然美：在拍摄自然奇观时，如冰川、沙漠等，我们可以通过不同色调的层次变化，展现自然的壮丽与美感。利用冰川的蓝白渐变或沙漠的金黄与橙红过渡，不仅能突出自然景观的宏伟，还能让观众感受到大自然的无穷魅力与力量。

8. 室内装饰

场景：家居布置、艺术品展示。

应用技巧：中性配色协调展示家居风格。在拍摄家居布置时，我们通过使用协调的色彩搭配（如中性色调的家具与柔和的墙壁颜色），可以有效地展示房间的舒适感和设计风格。这样的色彩选择不仅让整个空间显得更加温馨，还能够凸显出房间的整体美感和设计师的巧思。

背景对比突出艺术品：在展示艺术品时，我们可以利用背景的对比色来突出作品，使其在画面中更加引人注目。例如，选择深色背景来衬托浅色艺术品，可以让作品的细节和质感更为明显，增强视觉冲击力，让观众更加关注艺术品的独特之处。

9.抽象和极简风格

场景：极简主义、抽象场景。

应用技巧：单色调营造简约美感。在拍摄极简主义场景时，使用单一色调或少量颜色，我们可以有效增强画面的简约感和艺术性。通过这种色彩的极简运用，画面更具统一感和内涵，使得每一个元素都显得精致而有力。

色彩对比增强视觉冲击：在拍摄抽象主题时，利用强烈的色彩对比，我们可以显著增强画面的视觉冲击力和艺术表现力。色彩的大胆运用与鲜明对比不仅使画面更具活力，也能引发观众更深层次的情感共鸣和思考。

相信通过在这些场景中应用色彩构图，我们的老年朋友可以拍摄出色彩鲜明、情感丰富的小视频，使观众更容易被画面吸引，并感受到视频传递的情感和主题。

6 高阶的拍摄技巧：黄金比例 ——螺旋构图

螺旋构图是一种基于黄金比例的构图形式，它指螺旋线从画面的一角开始，逐渐向内卷曲，最终指向画面的焦点。这个构图方式可以自然地引导观众的视线，使画面更有层次感和吸引力。

为了便于理解，我们可以想象画面上有一个螺旋线，从画面的一角延伸到焦点，把最重要的元素放在螺旋的中心点或沿着螺旋线的位置。这条螺旋线就是引导观众视线的路径，而中心点则是视线最终聚焦的地方（见图3-6）

螺旋构图在许多场景下都可以应用，特别是在有自然曲线、螺旋形状或复杂线条的场景中，效果尤为突出。我们结合手机的网格线功能，罗列了以下一些适合应用螺旋构图并能取得特

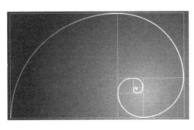

图 3-6

别好效果的场景，帮助我们快速掌握这个高阶的构图技巧。

花朵和植物

场景描述：在拍摄花朵的盛开或植物的生长形态时，花瓣与叶子的排列通常遵循自然的螺旋结构。这种排列赋予植物一种独特的美感，展现出自然的精妙与和谐。

效果：我们将花心或叶心置于螺旋的中心，通过花瓣或叶片的自然延展，能够创造出和谐、优雅的画面，突出植物的自然美。螺旋结构不仅能引导视线，也增强了画面的平衡感与美感。

如何确定视觉焦点：在大多数花朵中，花心（即花蕊所在的位置）是自然的视觉焦点，也是螺旋结构的中心。植物的叶心（叶片的基部或茎部）也通常位于螺旋中心，是画面中的自然焦点。

网格线辅助参考：使用手机的 3×3 网格线功能，可以将花心或叶心对齐网格线的交点或接近中心的位置，这样的布局通常与螺旋结构的中心点相吻合，进一步增强了画面的和谐美。

一、为什么要拍小视频

二、小视频拍摄基础

三、小视频拍摄技巧

四、视频剪辑 APP 的使用

五、小视频拍摄教程

六、拍摄自己的《紫花》——实战篇

螺旋楼梯

场景描述：螺旋楼梯是螺旋构图的经典场景，其自然的螺旋线条为拍摄提供了独特的视觉引导。通过从高处向下拍摄，楼梯的螺旋结构会自然引导观众的视线向下延伸，营造出深邃、引人入胜的画面效果。

效果：这种构图能够利用螺旋线条的连续性，创造出具有层次感和视觉冲击力的作品，让画面充满动感与神秘感。

如何确定视觉焦点：螺旋楼梯通常围绕一个中心柱或空心空间盘旋而上或而下，这个中心部分就是螺旋的中心点，也是视线自然聚焦的地方。在拍摄时，可以将焦点放置在这个中心位置，确保画面的平衡与引力。

网格线辅助参考：利用手机的 3×3 网格线功能，我们可以将螺旋楼梯的中心柱或空心部分对齐网格线的中心或黄金比例交点，这一中心点通常是螺旋的中心，使整个构图更加精准和富有美感。

河流与道路

场景描述：蜿蜒的河流、山路或森林中的小径，往往自然形成螺旋构图的线条。这些曲折的路径为画面增添了丰富的视觉层次，使得风景如诗如画。

效果：拍摄此类场景时，我们可以让河流或道路从画面的角落延伸，并围绕螺旋的中心点展开。这种构图不仅营造出画面的深度感，还能引导观众的视线，使自然景观显得更加动感和层次分明。

如何确定视觉焦点：我们需要仔细观察河流或道路的自然曲线，注意它们如何从宽阔的起点逐渐蜿蜒向前，最终形成一个聚焦的中心点。这个中心点往往是画面最具吸引力的部分。

网格线辅助参考：利用网格线功能，我们可以将河流或道路的曲线部分与网格线对齐，特别是将曲线的最窄、最紧密的部分放在网格线的交点或黄金比例线上。这些交点通常是螺旋的中心点，使得整个构图更加平衡和引人入胜。

建筑与拱门

场景描述：一些建筑物的拱门、圆顶或旋转结构，如圆形建筑的天窗、拱形走廊等，天然呈现出优美的螺旋形状。这些结构不仅是建筑的亮点，更是构图中的构图宝藏。

效果：在拍摄时，我们可以利用建筑的曲线或圆形结构进行螺旋构图，使画面更具建筑美学，突出建筑的结构特点和空间感。这样的构图能够增强画面的视觉深度，呈现建筑的独特魅力。

如何确定视觉焦点：我们需要观察建筑的整体结构，寻找建筑物的圆形或螺旋结构，如拱门、圆顶或天窗，注意这些结构通常围绕一个中心点对称分布或旋转。这个中心点往往是画面中的视觉焦点。

网格线辅助参考：使用手机的网格线功能，我们可以将建筑的中心结构（如圆顶的中心、拱门的顶点、楼梯的中心柱）对齐网格线的交点或中心线，确保建筑的几何中心与网格线交点重合。这一布局能够精准地捕捉螺旋的中心点，使画面更加平衡和富有美感。

人物与背景的结合

场景描述：当人物在自然或建筑环境中行走或旋

转时，我们可以利用背景中的螺旋形状，如树枝的弯曲、路灯的排列、走廊的弧线。这些自然或人造的螺旋线条不仅为画面增添了美感，还能有效地引导观众的视线。

效果：将人物置于螺旋的中心或关键位置，背景的螺旋线条自然引导视线，突显人物在环境中的位置与动作。这种构图能够创造出具有强烈视觉吸引力的画面，增强场景的动感与深度。

如何确定视觉焦点：我们需要仔细观察背景中的螺旋形状和线条，如树枝的自然弯曲、路灯排列的曲线或走廊的弧形结构，通常这些线条会围绕一个中心点或向某个方向延伸。找到这些螺旋形状的起点或最集中的部分，这些部分通常是画面的视觉焦点。

定位人物在螺旋中的位置：在拍摄时，我们可以利用螺旋线条的引导效果，将人物置于螺旋线的汇聚点或画面中的黄金比例位置，这些位置通常是螺旋构图的最佳中心点，能够自然引导观众的注意力。

利用手机的网格线：使用手机的网格线功能，

一、为什么要拍小视频

二、小视频拍摄基础

三、小视频拍摄技巧

四、视频编辑APP的使用

五、小视频拍摄教程

六、拍摄自己的《繁花》——一十字成篇

将背景中的螺旋形状的中心或最显眼的部分对齐网格线的交点或黄金比例线。将人物或其重要动作部分（如头部、手部）与网格线的交点对齐，以确保人物成为螺旋构图的中心焦点，从而增强画面的平衡感与美感。

四

视频剪辑 APP 的使用

1 APP 的选择

　　我们在选择如何记录和剪辑生活片段的工具时，也追求那份既能触及心灵又简单易行的方式。诚然，每部智能手机都携带着制造者的智慧，内置的视频编辑功能各有千秋，它们或许能够在特定的场景下展现出非凡的能力，但在面对广阔用户群体的多样需求时，难免显得力不从心。

　　我们需要寻找一种更加通用、更易于操作的解决方案，以便每一个记录生活、讲述故事的人都能轻松上手。「剪映」是目前应用非常广泛的一款APP，拥有着容易操作的界面和强大的编辑功能等特点。

　　「剪映」让视频剪辑变得简单，无需专业的技术背景，任何人都能够比较轻松第捕捉、编辑和分享自己的故事。它提供的不仅仅是一个软件的操作经验，更是一种让生活中的每个人都能成为故事讲述者的可能。

　　下面，我们将简单介绍「剪映」的应用，使我们大家都可以跨越繁杂的视频制作流程，可以全身心的投入自己的小视频创作。

APP 的安装

我们可以前往自身品牌手机的应用商店，搜索"剪映"（见图 4-1）。

安装完毕之后，我们就可以进行使用了。

打开剪映 APP 的初始画面如下（见图 4-2）。

图 4-1

图 4-2

2 简单视频的制作

选择想要编辑的视频

我们选择"开始创造",就可以选择我们想要编辑的视频了(见图4-3)。

图 4-3

背景杂声／原声的关闭和开启

在进入视频编辑之后,由于我们在拍摄的时候,经常会有背景的杂声,如果需要对于视频中的背景声音进行关闭,这样背景的声音就被删除了,我们可以在之后编辑中添加自己想要的音频和语音。

a）背景杂声 / 原声关闭（见图 4-4）。

b）背景杂声 / 原声开启（见图 4-5）。

图 4-4　　　　　　　　　　图 4-5

文本字幕的插入

我们可以在编辑区域，用手指按住屏幕进行左右的移动来定位需要添加文本的位置，我们现在选择的位置，就是最后视频导出后，文字所显示的位置（见图 4-6）。

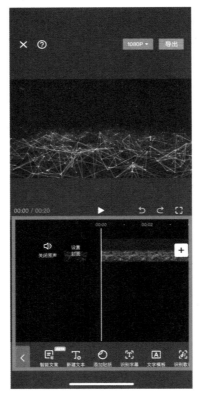

图 4-6

ａ）在底部的功能栏中，选择"文本"的功能（见图 4-7）。

　ｂ）在文本下，选择"新建文本"（见图 4-8）。

图 4-7

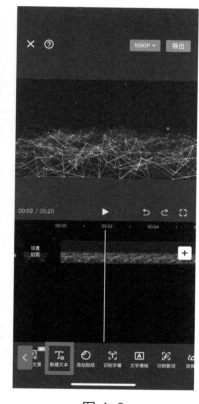

图 4-8

一、为什么要拍小视频

二、小视频拍摄基础

三、小视频拍摄技巧

四、视频剪辑APP的使用

五、小视频拍摄教程

六、拍摄自己的《繁花》——实战篇

ｃ）选择"新建文本"后，弹出文本框，可以选择输入文字（见图4-9）。

我们输入文字："第一段"，随后选择边上的"√"（见图4-10）。

图 4-9　　　　　　　　图 4-10

输入后的文字显示如下（见图 4-11）。

继续输入文字"第二段"，我们在编辑的空白区用手指点击屏幕并进行右移，并选择"新建文本"，进一步添加文字（见图 4-12）。

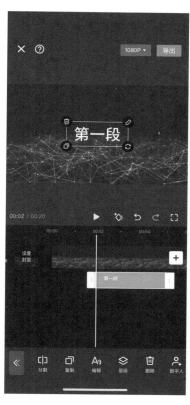

图 4-11

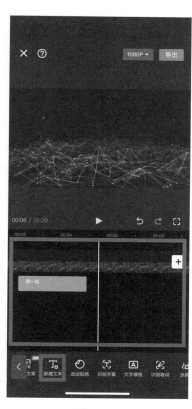

图 4-12

添加文字"第二段"（见图 4-13 ）。

以此类推，我们可以添加多段文字（见图 4-14 ）。

图 4-13

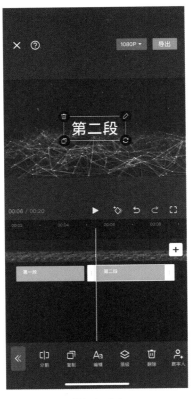

图 4-14

文本字幕的朗读

我们可以选择字幕的朗读，比如在小视频中作为故事的背景介绍，我们可以用手指在底部操作栏左右移动，选择"文本朗读"（见图4-15）。

我们可以为当前的文字选择我们想要的文字朗读声音或者风格，比如"古风男主"，我们可以为每一段文字设置单独的文字朗读声音，也可以选择"应用到全部文本"来统一配置声音（见图4-16）。

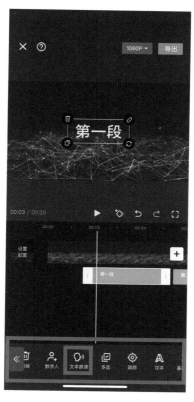

图 4-15

完成文字和音频添加后，回到上一次的菜单（见图4-17）。

一、为什么要拍小视频

二、小视频拍摄基础

三、小视频拍摄技巧

四、视频剪辑APP的使用

五、小视频拍摄教程

六、拍摄自己的《繁花》——实战篇

图 4-16

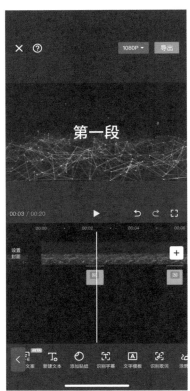

图 4-17

为视频配上背景音乐

现在我们尝试为视频配上合适的背景音乐，选择底部的"音频"功能（见图 4-18）。

选择"音乐"（见图 4-19）。

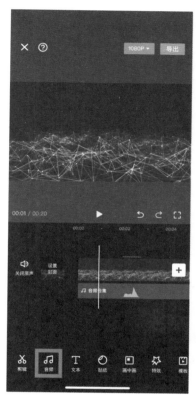

图 4-18

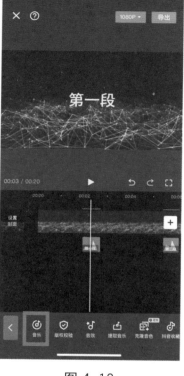

图 4-19

在新的界面中，我们可以选择想要的背景音乐，这里我们选择"欢乐喜庆"，然后选择"使用"（见图 4-20）。

音乐完成设置后，就是如下的界面，这样我们基本的背景音乐视频剪辑就完成了（见图 4-21 ）。

图 4-20

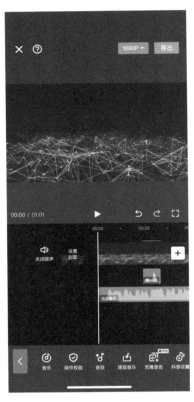

图 4-21

视频导出

在导出前，我们可以选择视频的质量（见图 4-22）：

在完成视频的设置后，我们就可以选择"导出"，导出完成后，在我们的手机的图库里就有我们完成的视频了（见图 4-23）。

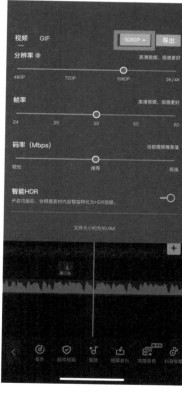

图 4-22

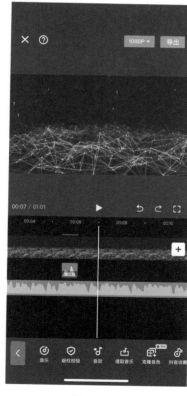

图 4-23

一、为什么要拍小视频

二、小视频拍摄基础

三、小视频拍摄技巧

四、视频剪辑 APP 的使用

五、小视频拍摄教程

六、拍摄自己的《鲜花）——实战篇

3 一键模版生成视频

时下最流行的剪映APP中有非常丰富的素材模版，我们可以直接利用现成的模版来创作我们的视

图 4-24

频。下面由我们来手把手教授如何利用剪映的模版来创作我们心仪的作品。

1. 剪映APP："剪同款"（见图4-24）

2. 视频模版的选择

在"剪同款"的页面，选择我们想要制作的视频规格，比如在这个例子中，我们选择的片段数是"3～5"，模版的时长是"15～30秒"，随后选择确定，见图4-25。

3.选择视频模版

回到"剪同款"的页面，在这个例子中，我们选择的第一个视频模版——"春日繁花调色模板"(见图 4-26)。

图 4-25　　　　　图 4-26

4. 视频模版的制作

在选择我们心仪的视频模版—"春日繁花调色模板"后，APP 就直接跳转到了制作的页面：这个模版需要我们在我们自己手机的视频库里选择三段视频，分别是 2.6 秒、2.6 秒和 2.4 秒（见图 4-27）。

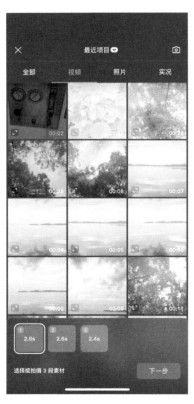

图 4-27

5. 视频导入模版制作

我们在自己手机的视频库里选择三段视频，分别是 2.6 秒、2.6 秒和 2.4 秒，请注意，我们选择视频的时候，需要视频的长度大于这 3 段素材要求的长度就行。

第一段，见图 4-28。第二段，见图 4-29。

第三段：在选择完第三段之后，选择"下一步"，见图 4-30。

6. 视频模版导出

现在我们基本的制

图 4-28

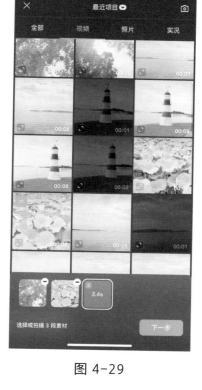

图 4-29

作就完成了，在这个页面，我们可以欣赏我们通过模板制作的视频的草稿，如果没有问题，我们就可以选择"导出"功能，剪映就可以进入下一步，视频的生成过程（见图 4-31）。

一、为什么要拍小视频

二、小视频拍摄基础

三、小视频拍摄技巧

四、视频剪辑APP的使用

五、小视频拍摄教程

六、拍摄自己的《繁花》——实感篇

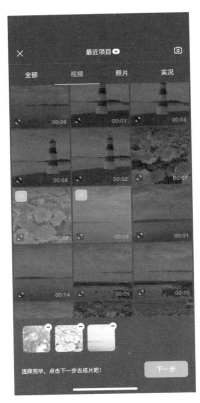

图 4-30

图 4-31

7. 视频模版导出完毕

在这个页面，我们就可以耐心地等待视频导出到手机相册中。在导出完成后，我们就可以直接在手机相册中找到视频了。在完成导出的同时，如果您安装了"抖音", APP也会帮您自动转到抖音,并询问您是否"发布"或者"存草稿",这时您可以根据计划来做出选择(见图4-32、图4-33)。

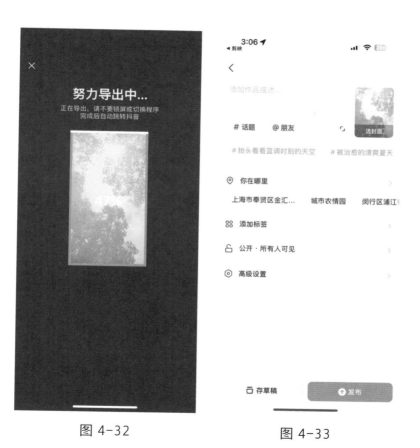

图 4-32　　　　　　　　图 4-33

五／

小视频拍摄教程

1 拍摄入门

　　在我们多姿多彩的日常生活中，隐藏着无数值得记录的瞬间。它们或许平凡如日出日落，或许充满活力如旅途冒险，亦或是静谧如养生时光。这些瞬间构成了我们丰富的生命体验，讲述着每个人独一无二的故事。在这个充满可能性的时代，每个人都可以成为自己生活的记录者，用镜头捕捉生命中的美好。

　　本节教程将引导您通过三个贴近生活的主题——生活系列、健康系列、旅游系列，探索和发现身边的美好瞬间。我们将提供具体的场景选择与拍摄指南，帮助您用手机这一简易而强大的工具，记录下那些温馨、健康、充满活力的画面。对于每个主题，我们将提供详细的场景选择和拍摄技巧，教您拍摄一部时长在 6 ~ 8 分钟的视频。无论您是拍摄新手还是有一定经验的拍摄爱好者，都能找到适合自己的拍摄灵感。

　　让我们一起拿起手机，开始这段记录生活之美的旅程吧。每一个平凡的瞬间，都有可能是您心中不可多得的珍宝。

生活系列

1.家庭生日聚餐视频拍摄模板

在拍摄一场家庭生日聚餐的视频时，我们需要考虑多种镜头和角度来充分捕捉这个特殊时刻的喜悦和温馨。以下是一些基本的分镜头建议，可参考图 5-1。

① 开场镜头。

内容：展示聚餐地点的外观，可以是家庭住宅或者餐馆。

如何拍摄：使用广角镜头从外面拍摄，慢慢推进到门口。

② 场景设定。

内容：拍摄聚餐的准备过程，如装饰房间、摆

图 5-1　家庭生日聚餐示意图

放餐具和准备食物。

　　如何拍摄：用中景和近景交替展示细节，可以加入一些人物手部的特写镜头。

　　③ 家人到达。

　　内容：捕捉家人和朋友陆续到达的瞬间。

如何拍摄：使用门口的定点摄像机捕捉到来者的表情和问候。

④ 生日蛋糕。

内容：展示生日蛋糕的特写，以及点蜡烛的仪式。

如何拍摄：用近景拍摄蛋糕细节，用慢动作捕捉点燃蜡烛的瞬间。

⑤ 祝福和许愿。

内容：拍摄生日祝福和吹灭蜡烛的瞬间。

如何拍摄：使用多个角度拍摄，确保捕捉到寿星的表情和周围人的反应。

⑥ 开餐。

内容：家人开始享用生日餐。

如何拍摄：从上方拍摄食物的大景观镜头，然后用近景捕捉人们吃饭和交流的温馨瞬间。

⑦ 礼物赠送。

内容：录下送礼物和打开礼物的场景。

如何拍摄：用中景和近景捕捉打开礼物的惊喜表情，可以使用轨道滑轮或手持稳定器获得平稳的移动镜头。

⑧ 结束镜头。

内容：拍摄聚会结束时的场景，如道别。

如何拍摄：使用缓慢的推拉镜头捕捉道别的温馨瞬间，可以搭配温馨的背景音乐。

2. 宠物互动视频拍摄模板

拍摄宠物互动视频的关键在于捕捉宠物自然的行为和它们之间的真实互动。这样的视频不仅能展示宠物之间的关系，还能记录下它们独特的个性。以下是一些分镜头建议及拍摄技巧，可参考图 5-2。

① 开场镜头。

内容：展示宠物所在的环境，可以是室内的客厅或户外的公园。

如何拍摄：使用广角镜头拍摄，缓慢移动摄像机来展示整个场景。

② 宠物独立镜头。

内容：分别捕捉每个宠物独自玩耍或休息的瞬间。

如何拍摄：使用中景或近景，确保镜头聚焦在宠物上，可以通过玩具或零食吸引它们的注意力。

③ 互动开始。

内容：记录宠物开始互动的瞬间，比如相互追

图 5-2　宠物互动示意图

逐或共同玩耍一个玩具。

　　如何拍摄：保持摄像机跟随宠物移动，使用手持稳定器来保持画面稳定。

　　④ 互动高潮。

　　内容：捕捉宠物之间最有趣或最活跃的互动瞬

间，比如一起翻滚或相互梳理毛发。

如何拍摄：尽量接近宠物，使用连拍或慢动作模式来记录这些瞬间。

⑤ 宠物间的情感交流。

内容：拍摄宠物眼神交流或靠近彼此的温馨瞬间。

如何拍摄：使用特写镜头捕捉宠物的表情和眼神，突出它们之间的情感联系。

⑥ 结束镜头。

内容：宠物互动结束后的镜头，可能是它们一起休息或各自散去。

如何拍摄：使用广角镜头慢慢拉远，展示宠物和环境的和谐共处。

⑦ 附加技巧。

充分准备：在拍摄之前，确保宠物处于放松和愉快的状态。

耐心等待：宠物的自然行为不可预测，需要耐心等待和捕捉。

使用自然光：尽可能利用自然光拍摄，这样可以更真实地展现宠物的颜色和质感。

多角度拍摄：尝试不同的角度和高度拍摄，这样可以更全面地记录宠物的互动。

记得在剪辑视频时加入适合的背景音乐或声效，以增强视频的观看体验。

3. 园艺时间视频拍摄模板

园艺的视频制作，我们可以在视频中记录如何种植一个新的植物、如何打理自己的花园，或者展示花园的美丽变化，一个好的分镜头脚本可以更好地规划视频内容。以下是拍摄园艺视频的一些建议分镜头及拍摄技巧，可参考图 5-3。

① 开场镜头。

内容：展示整个花园或种植区域的宽阔景观，为观众设定背景和氛围。

如何拍摄：使用广角镜头，如果可能的话，考虑使用无人机拍摄来给观众更宏伟的视角。

② 介绍。

内容：园艺者（视频主角）在镜头前简短介绍自己和即将进行的园艺活动。

如何拍摄：中距离镜头，确保背景中有花园元素，以增加视觉兴趣。

一、为什么要拍小视频

二、小视频追踪策略

三、小视频拍摄技巧

四、视频剪辑 APP 的使用

五、小视频拍摄教程

六、拍摄自己的 Vlog——实战篇

图 5-3　园艺时间示意图

③ 材料和工具展示。

内容：展示今天园艺活动所需的所有材料和工具。

如何拍摄：近距离或特写镜头，清晰展示每样工具和材料，可以在旁白中简短解释它们的用途。

④ 分步骤操作。

内容：逐步展示园艺过程，如准备土壤、播种、浇水等。

如何拍摄：特写和中景镜头交替使用，确保每个步骤都被清晰记录。

⑤ 技巧和建议。

内容：分享一些专业的园艺技巧或建议，比如如何正确剪枝或施肥。

如何拍摄：特写镜头捕捉动作细节，同时用中景或近景捕捉园艺者的表情和动作。

⑥ 结果展示。

内容：展示园艺活动的成果，如新种植的植物或整理后的花园区域。

如何拍摄：使用近景和特写镜头展示细节，如果是时间跨度较长的项目，可以考虑使用时间流逝视频来展示植物的成长过程。

⑦ 结束语。

内容：园艺者总结视频内容，鼓励观众尝试，并告知如何关注更多相关内容。

如何拍摄：中距离镜头，保持背景中有花园的元素。

⑧ 附加技巧。

使用稳定器：拍摄时使用手持稳定器或三脚架，尤其是在拍摄特写镜头时，以保持画面的稳定。

利用自然光：尽可能在自然光下拍摄，特别是在早晨或傍晚，这时的光线最适合展示植物的美丽。

编辑和后期：在编辑过程中，可以添加标签或文字说明，以提供更多信息或强调重点。

3 健康系列

1. 晨练瞬间视频拍摄模板

拍摄晨练的视频是展示运动的美丽、增强健康意识以及分享晨练的好处的绝佳方式。无论是跑步、瑜伽、太极还是任何其他形式的晨练，精心规划的分镜头脚本将有助于传达晨练的精神和能量。以下是我们建议的分镜头，见图 5-4。

图 5-4　晨练瞬间示意图

① 开场镜头。

内容：捕捉清晨的宁静，如空无一人的街道、阳光初照的公园或静谧的海滩。

如何拍摄：使用广角镜头从不同角度捕捉景色，可以考虑在黎明时分拍摄以获得柔和的自然光。

② 准备活动。

内容：展示晨练者做准备活动的场景，如热身运动、拉伸或冥想。

如何拍摄：使用中景或近景，突出运动者的动作和表情，传达他们准备迎接新一天的决心和专注。

③ 晨练过程。

内容：记录各种晨练活动，如跑步、瑜伽、太极或其他运动。

如何拍摄：结合运动特点使用不同的拍摄手法，例如，跟随跑者使用稳定器拍摄，瑜伽和太极则可以用固定角度拍摄运动者的流畅动作。

④ 特写镜头。

内容：捕捉汗水、专注的眼神、手脚和身体的细节动作。

如何拍摄：使用特写镜头，展现运动过程中的努力和美丽细节，传达晨练的艰辛和乐趣。

⑤ 环境互动。

内容：展示晨练者与环境的互动，如在海边跑步时的海浪声，或在公园瑜伽时四周的自然声音。

如何拍摄：采用广角镜头和特写镜头结合，捕捉人与自然和谐共存的画面。

⑥ 社交和团队精神。

内容：如果适用，展示一群人一起晨练的场景，传达社交和团队精神。

如何拍摄：使用广角镜头捕捉团体的整体活动，用中景和近景展示个人间的互动和鼓励。

⑦ 结束镜头。

内容：晨练结束后的放松或冷静活动，如简单拉伸、静坐冥想，或者一群人共享的早餐。

如何拍摄：使用平缓的摄影手法，如缓慢的镜头移动或稳定的近景，展现晨练后的平和和满足感。

⑧ 附加技巧。

使用自然光：充分利用清晨的自然光，创造出温暖和希望的氛围。

声音：确保录制高质量的现场声音，如脚步声、自然声或呼吸声，以增强观看体验。

剪辑：在剪辑过程中，可以使用慢动作或加速片段来强调某些动作或变化，增加视频的动态感。

2. 健康饮食制作视频拍摄模板

健康饮食的视频是分享营养知识、烹饪技巧

和鼓励健康生活方式的好方法。以下是拍摄健康饮食视频的一些建议分镜头及其拍摄技巧，可参考图5-5。

图 5-5　健康饮食制作示意图

① 开场镜头。

内容：简短介绍视频主题，可能是特定的健康食谱或营养理念。

如何拍摄：使用中距离镜头拍摄主持人在清新、整洁的厨房环境中做介绍。

② 食材展示。

内容：展示所有将要使用的食材，强调它们的新鲜度和营养价值。

如何拍摄：使用近距离或特写镜头，确保每种食材的颜色和质感都能清晰展现。

③ 分步骤讲解。

内容：逐步讲解食谱的制作过程，包括切割、搅拌、烹饪等步骤。

如何拍摄：结合使用特写镜头和中景镜头，确保观众能够看清楚每个步骤的细节。

④ 技巧和建议。

内容：分享制作过程中的小技巧或营养小贴士。

如何拍摄：在讲解技巧时使用特写镜头捕捉手部动作，对于建议则可以使用中景镜头捕捉主持人的表情和语言互动。

⑤ 最终成品展示。

内容：展示完成的菜品，强调其美观及营养价值。

如何拍摄：使用近距离或特写镜头，可能配合

一、为什么要拍小视频

二、小视频拍摄基础

三、小视频拍摄技巧

四、视频剪辑APP的使用

五、小视频拍摄教程

六、拍摄自己的《繁花》——实战篇

轻柔的背景音乐，增加食物的诱惑力。

⑥ 品尝和反馈。

内容：主持人或邀请的嘉宾品尝成品，并分享他们的感受。

如何拍摄：使用中景镜头捕捉品尝过程，确保能够看到表情反应，用近景或特写镜头展示食物被享用的瞬间。

⑦ 结束语。

内容：总结视频内容，鼓励观众尝试制作并分享反馈。

如何拍摄：使用中景镜头拍摄主持人，背景可以是整洁的厨房或展示成品的餐桌。

⑧ 附加技巧。

光线：使用自然光或柔和的人造光，使食物看起来更加诱人。

声音：确保录制高质量的声音，特别是在切割食材或烹饪时的声音，这些声音可以增加视频的观看体验。

剪辑：在后期制作中，可以适当加入文字说明、图表或动画，以提供更多信息或强调重点。

3. 血糖 / 血压监测视频拍摄模板

制作关于血糖或血压监测的视频是一项有益于公众健康的教育活动，尤其对于患有糖尿病或高血压的老年人群。以下是一些基本的分镜头建议及如何拍摄它们的技巧，可参考图 5-6。

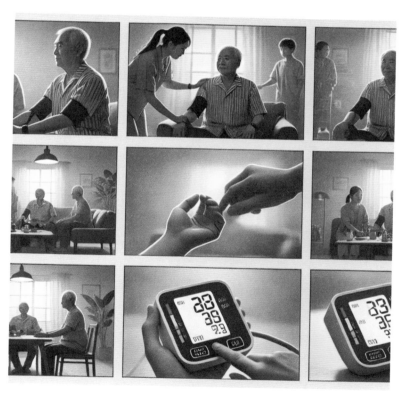

图 5-6　血糖 / 血压监测示意图

① 开场镜头。

内容：简短介绍视频的目的，强调血糖和血压监测对于健康管理的重要性。

如何拍摄：中景拍摄主讲人在清晰简洁的背景前做介绍，确保语气亲切、鼓励性强。

② 理论知识讲解。

内容：解释血糖和血压的基本知识，如它们的正常范围、影响因素等。

如何拍摄：使用图表或动画辅助讲解，可以在屏幕旁边展示数据或图形，同时录制主讲人的讲述。

③ 监测工具介绍。

内容：展示和讲解各种血糖和血压监测工具，包括传统设备和智能设备。

如何拍摄：特写镜头展示设备的外观和操作面板，中景镜头捕捉主讲人操作设备的过程。

④ 正确使用方法。

内容：详细讲解如何正确使用监测设备，包括准备工作、操作步骤和读取结果。

如何拍摄：使用特写镜头捕捉手部操作和设备显示的细节，确保每一步骤都能清晰展现。

⑤ 常见问题及解决方案。

内容：讲解在使用过程中可能遇到的问题及其解决方法，如测量误差、设备维护等。

如何拍摄：结合实物演示和主讲人讲解，使用特写和中景镜头展示问题情况及解决步骤。

⑥ 生活方式调整建议。

内容：提供有助于改善血糖和血压的生活方式建议，如饮食、运动和减压。

如何拍摄：采用访谈或演讲形式，辅以实例或案例分析，增强信息的可信度和吸引力。

⑦ 结束语。

内容：总结视频内容，鼓励观众定期进行血糖和血压监测，并采取积极的生活方式调整。

如何拍摄：中景镜头拍摄主讲人，背景可以适当添加鼓励性的标语或图案。

⑧ 附加技巧。

良好的光线和清晰的音质：确保视频中的每一个细节都能清晰可见，讲解声音清晰无干扰。

编辑和后期处理：适当使用剪辑技巧，如过渡效果、字幕和背景音乐，使视频更具吸引力和教育意义。

一、为什么要拍小视频

二、小视频拍摄基础

三、小视频拍摄技巧

四、视频剪辑APP的使用

五、小视频拍摄教程

六、拍摄自己的《繁花》——实战篇

4 旅游系列

1. 自然风光视频拍摄模板

拍摄自然风光视频时，应该考虑到视觉呈现的平和与轻松感，同时确保内容易于理解和接受。这种类型的视频通常更注重景色的宁静美和悠闲的观赏体验。以下是一些拍摄分镜头的建议，见图 5-7。

① 开场镜头。

内容：展示宁静的自然景观，如湖面、森林或山脉，慢慢引入视频主题。

如何拍摄：使用广角镜头捕捉景观的宽阔，慢镜头移动或静态镜头，确保画面平稳，给观众带来平静的观看体验。

② 详细景观展示。

内容：详细展示各种自然景观，如流水、花朵或树木的特写，强调自然之美。

如何拍摄：使用特写镜头捕捉细节，慢动作拍摄增加观看的吸引力和感官体验。

图 5-7　自然风光示意图

③ 时间流逝。

内容：展示自然景观随时间变化的美，如日出日落，云彩的流动。

如何拍摄：设置定时摄影，记录时间的流逝，并

一、为什么要拍小视频

二、小视频拍摄基础

三、小视频拍摄技巧

四、视频剪辑的使用

五、小视频拍摄教程

六、拍摄自己的大片

在后期制作中加速播放，展现自然的壮丽变化。

④ 轻松活动。

内容：展示老年人在自然中进行的轻松活动，如散步、野餐或观鸟。

如何拍摄：采用中景和远景，捕捉人物与自然和谐共处的画面，动作要慢和自然。

⑤ 解说和音乐。

内容：适当加入温和的解说，介绍自然景观的相关知识，配合舒缓的背景音乐。

如何拍摄：解说应简洁明了，音乐选择柔和轻缓，增加视频的观看舒适度。

⑥ 结束镜头。

内容：以平和的自然景观作为视频的结束，如湖面的反射、花丛中的蝴蝶等。

如何拍摄：缓慢拉远镜头，渐出音乐和画面，给观众留下持久的印象。

⑦ 附加技巧。

镜头稳定性：使用三脚架或稳定器保持摄像机稳定，避免画面抖动，以适应老年人的观看习惯。

色彩和光线：调整色彩饱和度和对比度，使画面色彩更加温和，光线自然，避免过于刺眼。

编辑节奏：剪辑时保持平缓的节奏，避免快速剪切或突兀的转场，让视频流畅自然，易于观看。

2. 文化体验视频拍摄模板

如果想要拍摄自己在故宫的旅游视频，视频的拍摄应该注重简洁性、可访问性和文化内容的丰富性。这种视频应该能够捕捉故宫的宏伟与细节，同时也要记录下游客的亲身体验和感受。以下是一些拍摄故宫旅游视频的分镜头建议，可参考图5-8。

① 开场镜头。

内容：从故宫的标志性建筑，如午门的全景开始，慢慢拉近到游客。

如何拍摄：使用广角镜头捕捉故宫的宏伟门面，然后缓缓移动到游客的脸上，展示他们期待的表情。

② 入口场景。

内容：记录游客通过午门，进入故宫的情景。

如何拍摄：跟随拍摄，保持画面稳定，捕捉他们进入的瞬间和周围环境的细节。

③ 主要景点介绍。

内容：逐一介绍故宫的主要建筑和景点，如太

一、为什么要拍小视频

二、小视频拍摄基础

三、小视频拍摄技巧

四、视频剪辑APP的使用

五、小视频拍摄教程

六、拍摄自己的《繁花》——实战篇

图 5-8　文化体验示意图

和殿、中和殿、保和殿等。

如何拍摄：在每个景点停留，使用中景拍摄游客与建筑的互动，可以添加解说介绍建筑的历史和文化背景。

④ 亲身体验。

内容：拍摄游客验故宫文化的片段，如参与故宫举办的传统文化体验活动。

如何拍摄：特写或中景捕捉他们的参与和反应，展示他们与文化的互动。

⑤ 休息与观察。

内容：游客在故宫的某个角落休息，观察周围的游客和环境。

如何拍摄：从远景拍摄，慢慢推进到近景，展示他们在环境中的放松状态。

⑥ 采访片段。

内容：简短采访游客，让他们分享对故宫的感受和体验。

如何拍摄：中距离镜头，确保背景有故宫的元素，捕捉他们讲述时的表情和情感。

⑦ 结束镜头。

内容：游客在故宫的某个美丽场所总结旅行体验，分享旅程感想。

如何拍摄：使用柔和的光线和静态镜头，配合温馨的背景音乐，营造温暖的氛围。

⑧ 附加技巧。

稳定器材的使用：确保使用稳定器或三脚架，减少摇晃，让视频更加适合老年人观看。

合适的节奏：编辑时注意视频的节奏，避免过快的剪辑，使视频流畅，容易理解。

光线充足：尽量在自然光充足的时段进行拍摄，确保画面明亮清晰。

六

拍摄自己的《繁花》

——实战篇

1 引言

　　本章建立在老年朋友已经具备了很多拍摄的经验和基础，并且掌握了很多拍摄技巧后，非常渴望在这个快速变化的世界里，留下宝贵的回忆。这些回忆不仅是过去的见证，更是我们心灵的灯塔，照亮前行的路。通过摄影摄像，让我们有机会捕捉时间的静止画面，将瞬间永恒化，让回忆的色彩再次鲜明起来。因此，我们推出了"实战篇"，为老年朋友在玩转小视频的基础上，有一个完整的视频制作进阶版的教程。

　　本章旨在引导我们亲爱的老年朋友们，利用手边最常见的工具——手机，记录生活中的珍贵瞬间。无论是熟悉的家中角落，长年累月的好友，还是那条曾经踏遍的老街，都值得我们用心去捕捉、去珍藏。

　　我们将一步步教您如何使用手机拍摄视频，从准备工作到拍摄技巧，再到后期编辑，无需复杂的设备或专业的知识，只需要一颗愿意分享和记录的心。我们希望，通过这些简单的指导，帮助您将那些散落在记忆深处的片段，重新串联起来，编织成一部属于自己的、独一无二的记忆影片。

在这一章中，教程的拍摄主题是："重现旧时光：一次回忆之旅"，犹如记忆中 90 年代的回忆，我们希望这样的主题可以为老年人带来自己的"繁花"，回忆，可以直接触及他们内心深处的情感和回忆。对于老年人而言，生活中积累的故事和经历是他们宝贵的财富。这个主题提供了一个机会，让他们能够通过现代的方式——使用智能手机拍摄，去回顾和记录那些珍贵的时刻。这不仅有助于保存家庭的历史和文化传承，还能够促进他们与家人尤其是年轻一代之间的沟通与理解。同时，参与拍摄和制作视频的过程本身也是一种积极的生活态度和对新技术的学习，能够提升他们的生活质量，带给他们精神上的满足和快乐。

每个人的生命中都有值得被记录和回忆的瞬间，让我们一起开始这段旅程，用手机记录下生活中的美好，把昨日的回忆，变成今日的珍藏，留给未来的温暖。

一、为什么要帮小视频

二、小视频拍摄基础

三、小视频拍摄技巧

四、视频剪辑App的使用

五、小视频拍摄教程

六、拍摄自己的《繁花》——实战篇

《重现旧时光：一次回忆之旅》

文学脚本教程模板

场景一：家中（开场）

内景描述：一个温暖的下午，老人家在安静的书房中，阳光斜斜地照进来，照亮了那本厚厚的相册。随着相册一页页被翻开，尘封的记忆如同被重新唤醒的老旧电影，缓缓在老人家的心头展开。

老人家的心声（旁白）："这些照片，是我年轻时的宝藏。我想，是时候让这些沉睡的记忆重见天日，用我的镜头，记录下那些变与不变。"

场景二：公园

外景描述：公园里，那棵老橡树依然挺立，虽然四周的景致已然改变。老人家手中的黑白照片显得格外突出。他轻轻触摸照片上的面孔，仿佛能感受到年轻时的笑声和欢乐。

老人家的感慨（旁白）："岁月流转，人事已非。唯有这棵树，仿佛是连接过去和现在的桥梁。我们的笑声，似乎还在树梢间回荡。"

场景三：旧住所

外景描述：现在的咖啡馆里充满了温馨和闲适的气息，但老人家的目光穿透了这一切，看到了过去那个充满欢声笑语的家。他在窗外迟疑了一会儿，终于推门进入，每一步都踏在记忆的回音上。

老人家的回忆（旁白）："每一次回到这里，都像是穿越时空的旅行。虽然家的模样已经改变，但家的感觉，永远在心中。"

场景四：学校

外景描述：校园里，通过环境、特定地点的拍摄，踏过旧时的回忆，拍摄孩子们的欢声笑语构成了一幅生动的画面。老人家站在操场边，远远地观望着，眼中闪过一丝感伤和怀念。

老人家的思索（旁白）："这里培育了无数的梦想和希望。看着这些孩子，我仿佛看到了年轻时的自己，满怀梦想，勇敢地追求。"

场景五：与旧友重逢

内景描述：在一家风格古朴的茶馆里，老人家与几位老友围坐一桌。茶香四溢，旧事重提，他们

一、为什么要拍小视频

二、小视频拍摄基础

三、小视频拍摄技巧

四、视频剪辑APP的使用

五、小视频拍摄教程

六、拍摄自己的《繁花》——实战篇

谈笑风生，仿佛时间从未留下痕迹。

老人家的感慨（旁白）："友情，就像这杯老茶，越久远越是芬芳。我们的友谊，经受了时间的考验，变得更加珍贵。"

场景六：结束画面

内景描述：归家后的夜晚，老人家在书房里静静地坐着，手中的笔在纸上飞舞，记录下这一天的所见所感。外面的夜空中，星星闪烁，就像是点点回忆的光芒。

老人家的总结（旁白）："今天的旅行，是一次心灵的洗礼。我重新找到了过去的自己，也发现了生活中不变的美好。让我们珍惜每一个瞬间，拥抱每一次经历。"

分镜头教程模板

1. 分镜头脚本：场景一，家中（开场）

镜头一：外景到内景的过渡

① 画面：一个宁静的下午，阳光从窗外洒入，照亮了一间布置温馨的书房。

② 动作：镜头从窗外的景色平缓过渡到室内，

最终聚焦在一本厚厚的相册上。

③ 效果：营造一个安静和温馨的氛围，引入主题。

镜头二：老人家打开相册

① 画面：老人家的双手出现在镜头中，缓慢地翻开相册的封面。

② 动作：细腻地展示老人家手指轻触相册封面的细节，指尖在相册页边缘轻轻滑动。

③ 效果：通过手的特写和动作，表现老人家对这本相册的珍视和回忆的开始。

镜头三：相册中的旧照片

① 画面：镜头逐渐聚焦于翻开的相册页，展示里面的黑白旧照片。

② 动作：镜头慢慢推近，一张特别的照片，可能是一张全家福或是老人年轻时的肖像。

③ 效果：引导观众进入老人家的记忆世界，激发观众的好奇心。

镜头四：老人家的反应

① 画面：从相册转向老人家的脸部特写，展示他的表情变化。

② 动作：老人家的眼神中流露出回忆的温柔，

嘴角轻轻上扬，露出微笑。

③ 效果：通过老人家的表情变化，传达出回忆带给他的幸福和深情。

镜头五：老人家的旁白

① 画面：老人家静静地坐在书房中，窗外的阳光斜斜地照进来，为整个房间增添了一抹温暖的色彩。

② 动作：老人家轻轻地翻看着相册，每翻一页，脸上的表情都似乎在讲述着不同的故事。

③ 旁白："这些照片，是我年轻时的宝藏。我想，是时候让这些沉睡的记忆重见天日，用我的镜头，记录下那些变与不变。"

④ 效果：通过旁白引入整个视频的主题，让观众理解老人家拍摄视频的初衷，同时激发观众对接下来故事的期待。

结尾：过渡到下一个场景

① 画面：镜头最后缓缓拉远，老人家仍旧坐在书房里，翻看相册，窗外的光线渐渐柔和，预示着即将开始的旅程。

② 效果：平稳地过渡到下一个场景，同时留给

观众一些悬念和期待。

2. 分镜头脚本：场景二，公园

镜头一：公园入口

① 画面：公园的宽广入口处，阳光穿透树叶，洒在蜿蜒的小径上。

② 动作：老人家缓缓步入镜头，手里拿着一张老照片。

③ 效果：营造出一种时光交错的感觉，引导观众跟随老人家的脚步，一同进入公园探索。

镜头二：老橡树特写

① 画面：镜头慢慢推进到那棵标志性的老橡树上，树干上的岁月痕迹清晰可见。

② 动作：老人家走到老橡树下，轻轻抚摸着树干，眼中充满了怀念。

③ 效果：通过树木的特写，展示自然与时间的沧桑，和老人家的情感连接。

镜头三：对比旧照片

① 画面：老人家手中的照片和眼前的老橡树交替出现在屏幕上，形成对比。

② 动作：老人家仔细观察照片，然后抬头望向

眼前的老橡树，脸上流露出深深的感慨。

③ 效果：通过旧照片与现实场景的对比，强调时间的变迁和记忆的永恒。

镜头四：老人家的回忆

① 画面：老人家坐在老橡树下的长椅上，手中轻轻摩挲着照片。

② 动作：镜头捕捉老人家沉思的表情，随后渐渐模糊，转换到年轻时的回忆画面——年轻的他和朋友们在树下欢笑。

③ 效果：运用回忆镜头，串联过去和现在，让观众感受到老人家心中的美好时光。

镜头五：老人家的感慨（旁白）

① 画面：回到现实，老人家静静地坐在长椅上，周围是孩子们嬉戏的身影。

② 旁白："岁月流转，人事已非。唯有这棵树，仿佛是连接过去和现在的桥梁。我们的笑声，似乎还在树梢间回荡。"

③ 效果：通过旁白和画面的结合，传达出老人家对于时间流逝的感慨，以及对过去美好记忆的怀念。

结尾：过渡到下一个场景

① 画面：老人家起身，拍了拍裤子，带着满足和感慨的表情离开，镜头缓慢推出，老橡树在画面中越来越小。

② 效果：优雅地结束这个场景，为接下来的旅程留下悬念和期待。

3. 分镜头脚本：场景三，旧住所新外观

镜头一：现代风格的旧住所外观

① 画面：现代化的旧住所外观，周围的围墙上，爬满了鲜艳的蔷薇花，透过玻璃窗可以看到里面闲适的氛围。

② 动作：老人家缓缓走近，停下脚步，从口袋里拿出一张旧照片对比眼前的景象。

③ 效果：展现新旧风格的对比，展现了温馨的气氛，同时引出老人家的记忆与现实的对比。

镜头二：老人家迟疑

① 画面：老人家的侧脸特写，眼神中流露出复杂的情感，仿佛在犹豫是否进入。

② 动作：老人家看了看手中的照片，再看看老宅，深吸一口气，推开门走进去。

③ 效果：通过老人家的表情和动作，传达他内

心的挣扎和决定，突显记忆的重要性。

镜头三：住宅内景

① 画面：从老人家的背后拍摄，展示他走进房屋的全过程，老宅内布置温馨，有一只猫咪在晒太阳。

② 动作：老人家走进老宅，环顾四周，仿佛在寻找过去家中的痕迹。

③ 效果：展现老宅的温馨环境，同时通过老人家的动作表达他对过去记忆的追寻。

镜头四：记忆回放

① 画面：画面忽然转变，变为老人家记忆中的旧住所，孩子们的欢笑声，家人围坐一起的温馨场景。

② 动作：镜头中的老人家在记忆中的家中四处观看，脸上流露出温暖的笑容。

③ 效果：通过回忆镜头展示老人家心中那个充满欢声笑语的家，强化记忆与现实的对比。

镜头五：老人家的感受

① 画面：回到现实，老人家坐在老宅的书房的沙发椅上，手中轻轻抚摸着桌面。

② 动作：老人家低头沉思，眼神中充满了感慨和回忆。

③ 旁白："每一次回到这里，都像是穿越时空的旅行。虽然家的模样已经改变，但家的感觉，永远在心中。"

④ 效果：通过旁白和老人家的动作，深化对于家的记忆和情感的表达，让观众感受到时间流逝下不变的情感价值。

结尾：过渡到下一个场景

① 画面：老人家起身，向过去微笑致谢，缓缓离开老宅。

② 效果：优雅地结束这个场景，同时预示着老人家回忆之旅的继续。

4. 分镜头脚本：**场景四，学校**

镜头一：校园全景

① 画面：春日的阳光洒满校园，孩子们在操场上奔跑玩耍，构成一幅充满活力的画面。

② 动作：镜头从高处缓慢下移，捕捉孩子们的欢声笑语，逐渐聚焦到老人家的身影上。

③ 效果：营造出一种生机勃勃的氛围，引入场景主题。

镜头二：老人家观望

一、为什么要拍小视频

二、小视频拍摄前期

三、小视频拍摄技巧

四、视频剪辑APP的使用

五、小视频拍摄教程

六、拍摄自己的《繁花》——实战篇

① 画面：老人家站在操场边，通过校园的铁栅栏向里望去，表情中带有一丝感伤和怀旧。

② 动作：镜头从背后捕捉老人家的身影，缓缓推进到他的侧脸特写，展现他的眼神和表情。

③ 效果：通过老人家的观望，传达出他对过去的怀念和对现在场景的感慨。

镜头三：孩子们的欢乐

① 画面：孩子们在操场上追逐、玩耍的场景，充满活力和欢笑。

② 动作：镜头在孩子们之间穿梭，捕捉他们玩耍的瞬间和快乐的表情。

③ 效果：展示校园生活的欢乐和无忧无虑，形成对比，加深老人家回忆的情感层次。

镜头四：老人家的回忆

① 画面：画面模糊转换，进入老人家年轻时在同一操场上的回忆。年轻的他和同学们一起奔跑、欢笑。

② 动作：回忆中的老人家在操场上和朋友们一起玩球、竞赛，充满青春的活力。

③ 效果：通过回忆的对比，强化老人家对青春

岁月的怀念和对校园生活的深厚感情。

镜头五：老人家的思索（旁白）

① 画面：回到现实，老人家仍然静静地站在操场旁，目光深邃，仿佛穿越了时空。

② 旁白："这里培育了无数的梦想和希望。看着这些孩子，我仿佛看到了年轻时的自己，满怀梦想，勇敢地追求。"

③ 效果：通过旁白和老人家的深邃目光，表现他对过去和现在的反思，对未来的希望。

结尾：过渡到下一个场景

① 画面：老人家缓缓离开操场，背影渐渐远去，画面逐渐过渡到下一个记忆场所。

② 效果：优雅地结束这个场景，留下对未来的希望和对过去的美好回忆，同时引起观众对接下来故事的期待。

5. 分镜头脚本：**场景五，与旧友重逢**

镜头一：茶馆外观

① 画面：一家风格古朴、外观带有岁月痕迹的茶馆，悠扬的古筝音乐从内部传出。

② 动作：镜头从茶馆的招牌缓慢向下移动，展

现其古色古香的门面和从门缝中溢出的温暖灯光。

③效果：设置一个温馨回忆的场景氛围，引导观众进入一个充满怀旧情怀的空间。

镜头二：茶馆内部

①画面：镜头穿过茶馆的门，展示内部装潢简约而充满古风的环境，木质桌椅、挂毯和书架营造出一种宁静的氛围。

②动作：镜头慢慢推进，透过茶香缭绕中，老人家和几位老友围坐在一张木桌旁。

③效果：通过细节描绘，传达出茶馆作为重逢地点的温馨和适宜。

镜头三：重逢欢聚

①画面：老人家和老友们相见，欢笑拥抱，座位安排显示他们之间的亲密无间。

②动作：每位老友依次入座，互相交谈，分享各自的近况，笑声和谈话声交织在一起。

③效果：通过老友们的交流和笑声，展现多年友情的深厚和岁月无法磨灭的情谊。

镜头四：品茶谈心

①画面：一壶新泡好的茶在桌中央冒着热气，

老人家轻轻地为每位老友倒茶。

② 动作：他们一边品茶，一边聊起从前的趣事和生活的点滴，每个人都有说有笑。

③ 效果：通过品茶这一动作，象征他们友情的持久和醇厚，同时让观众感受到温馨的社交场景。

镜头五：老人家的感慨（旁白）

① 画面：老人家在微笑中带有深思的表情，手中轻轻摇晃着茶杯，茶香四溢。

② 旁白："友情，就像这杯老茶，越久远越是芬芳。我们的友谊，经受了时间的考验，变得更加珍贵。"

③ 效果：通过旁白，表达老人家对长久友谊的珍视和对美好时光的怀念，传达出友情的价值和重要性。

结尾：过渡到下一个场景

① 画面：老友们慢慢起身，互相告别，承诺不久后再次相聚。老人家望着老友们的背影，脸上满是满足和幸福的笑容。

② 效果：温暖而又略带忧伤的结尾，预示着故事还将继续，同时也给观众留下深刻的情感印象。

6.分镜头脚本：场景六，结束画面

镜头一：夜晚的书房

① 画面：夜幕降临，书房内灯光柔和，老人家坐在书桌前，周围是书架和一些个人收藏的小物件，营造出温馨而安静的氛围。

② 动作：老人家的手持笔在纸上轻轻书写，脸上是沉思和满足的表情。

③ 效果：通过书房内的细节设置，展现老人家的个性和他对生活的态度，同时引入场景的主题。

镜头二：手中的笔和纸

① 画面：镜头缓慢推进，聚焦于老人家的手和正在书写的纸张，展示字迹流畅而有力。

② 动作：笔尖在纸上跳跃，记录着老人家这一天的所见所感。

③ 效果：通过书写的细节，传达老人家愿意分享和记录生命经历的心情，强调记忆的重要性。

镜头三：窗外的夜空

① 画面：镜头转向窗外，展现宁静的夜空和闪烁的星星。

② 动作：星星的光芒隐约照进书房，与室内的

灯光相互辉映。

③ 效果：星空的美丽和深邃为场景增添了一份浪漫和哲思，象征着回忆和梦想。

镜头四：老人家的回顾（旁白）

① 画面：老人家停下笔，抬头望向窗外，似乎在深深地思索。

② 旁白："今天的旅行，是一次心灵的洗礼。我重新找到了过去的自己，也发现了生活中不变的美好。让我们珍惜每一个瞬间，拥抱每一次经历。"

③ 效果：通过旁白，老人家的心声为这次旅行画上了圆满的句号，传达了对生活的感悟和对时间的珍惜。

镜头五：结束的静思

① 画面：老人家再次低头继续写作，镜头慢慢拉远，书房内的一切逐渐模糊，直到画面完全变黑。

② 效果：这一镜头象征着故事的结束，同时也暗示了老人家对未来的思考和期待，留给观众无限的遐想空间。